Mike Notohamiprodjo

Chemokinvermittelte Zellrekrutierung

Mike Notohamiprodjo

Chemokinvermittelte Zellrekrutierung

Chemokinrezeptorexpression im kutanen T-Zell Lymphom und gezielte Beeinflussung der chemokinvermittelten Zellrekrutierung

Südwestdeutscher Verlag für Hochschulschriften

Impressum / Imprint
Bibliografische Information der Deutschen Nationalbibliothek: Die Deutsche Nationalbibliothek verzeichnet diese Publikation in der Deutschen Nationalbibliografie; detaillierte bibliografische Daten sind im Internet über http://dnb.d-nb.de abrufbar.

Bibliographic information published by the Deutsche Nationalbibliothek: The Deutsche Nationalbibliothek lists this publication in the Deutsche Nationalbibliografie; detailed bibliographic data are available in the Internet at http://dnb.d-nb.de.

Verlag / Publisher:
Südwestdeutscher Verlag für Hochschulschriften
ist ein Imprint der / is a trademark of
OmniScriptum GmbH & Co. KG
Heinrich-Böcking-Str. 6-8, 66121 Saarbrücken, Deutschland / Germany
Email: info@svh-verlag.de

Herstellung: siehe letzte Seite /
Printed at: see last page
ISBN: 978-3-8381-1587-0

Zugl. / Approved by: München, LMU, Diss., 2010

Meiner Familie

Inhaltsverzeichnis

1. Einleitung

1.1. Chemokine und Chemokinrezeptoren

Entzündung und die Metastasierung von Tumoren sind pathophysiologisch unterschiedliche Prozesse, bedienen sich aber eines ähnlichen Mechanismus. Zirkulierende Zellen verlassen den Blut- bzw. Lymphstrom und wandern in das umliegende Gewebe aus. Chemokine sind ein zentraler Bestandteil dieses in mehreren Schritten ablaufenden Rekrutierungsprozesses.

Chemokine, eine heterogene Gruppe chemotaktischer Zytokine, binden selektiv an auf der Zelloberfläche exprimierten Chemokinrezeptoren (CCRs) und lösen eine zielgerichtete Migration der jeweiligen Zelle entlang eines gelösten oder membrangebundenen Gradienten aus (Wiedermann et al., 1993). Im Jahre 1987 wurde das von stimulierten Monozyten produzierte Interleukin-8 (CXCL8) aufgrund seiner chemotaktischen Wirkung auf neutrophile Granulozyten als erstes Chemokin identifiziert (Yoshimura et al., 1987). Mittlerweile sind über 50 Chemokine identifiziert worden (Abbildung 1) (Balkwill, 2004).
Chemokine werden strukturell in vier Gruppen unterteilt, definiert durch das Arrangement der vier obligaten Cysteinbestandteile. Bei der CXC-Untergruppe werden die beiden Cysteinreste durch eine Aminosäure getrennt, während die CC-Untergruppe keine und die CXXXC-Gruppe drei Aminosäuren zwischen den Cysteinresten besitzt. Der vierten Gruppe fehlen zwei der vier Cysteinresiduen, sie werden deshalb als C-Chemokine bezeichnet. Die Funktion der Chemokine wird nach dem "Schlüssel-Schloss"-Prinzip durch die Bindung an spezifische Rezeptoren, den Chemokinrezeptoren vermittelt.

Chemokinrezeptoren werden auf der Zelloberfläche exprimiert und besitzen sieben transmembrane Regionen. Sie gehören wie auch Hormonrezeptoren und Rezeptoren von Entzündungsmediatoren zur Superfamilie der G-Protein-vermittelten Rezeptoren. Die übliche Länge eines Chemokinrezeptors beträgt 350 Aminosäuren.

Chemokinrezeptoren zeichnen sich dadurch aus, dass oft mehrere Chemokine binden können, jedoch keine anderen Proteine. So weist der Chemokinrezeptor CCR5 ein redundantes Bindungsmuster auf, d.h. mehrere Chemokine (CCL3, CCL4, CCL5 und CCL8) binden (Kellermann et al., 1999), welches zu einer robusteren Wirkungsweise führt und eine präzise Feinabstimmung bei der Rekrutierung von

Zellen erlaubt (Devalaraja et al., 1999; Mantovani, 1999). Bisher sind 19 Chemokinrezeptoren identifiziert worden (Abbildung 1) (Balkwill, 2004).

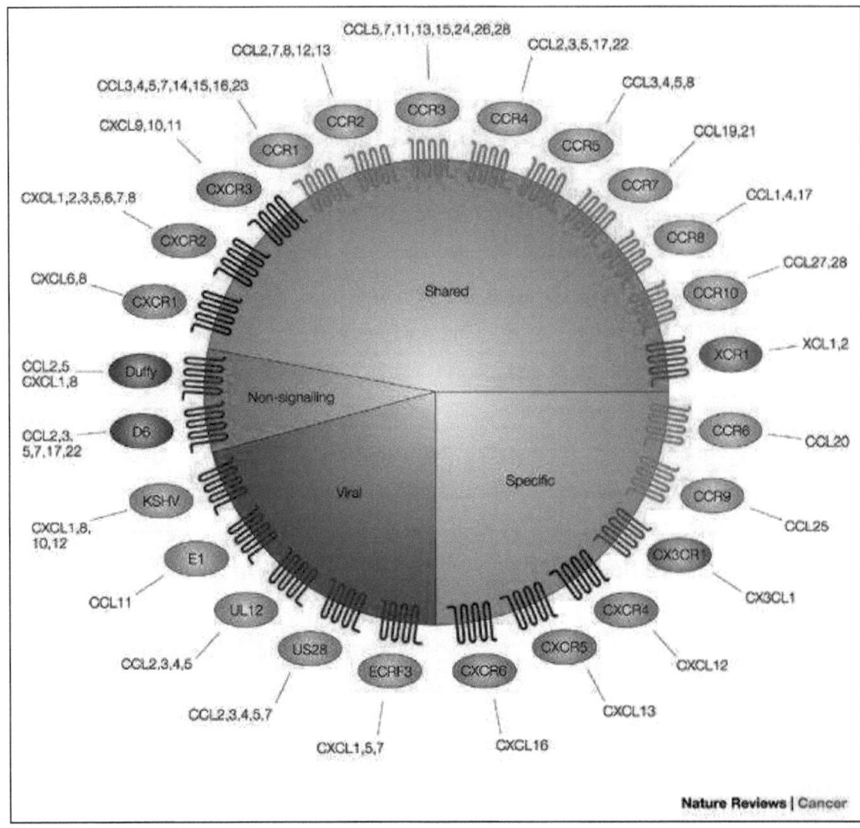

Abbildung 1: Übersicht und Einteilung der Chemokine und Chemokinrezeptoren.

Die Abbildung gibt einen Überblick über die derzeit identifizierten Chemokinrezeptoren und über die jeweils bindenden Chemokine. Die Rezeptoren CXCR1-CXCR3, CCR-CCR5, CCR7, CCR8, CCR10 und XCR1 binden mehrere Chemokine. CCR6, CCR9, CXCR1 und CXCR4-CXCR6 binden nur jeweils ein Chemokin. Duffy und D6 werden als „Dezeptoren" bezeichnet, da sie Liganden binden, allerdings keine Signaltransduktion auslösen und als negative Rückkopplung dienen.

Entnommen aus *Nature Reviews/ Cancer* (Balkwill, 2004)

Chemokine lassen sich anhand ihrer unterschiedlichen Funktion in verschiedene Untergruppen einteilen. Sie beeinflussen nicht nur die gezielte und ungezielte Zellwanderung (Chemotaxis bzw. Migration), sondern auch die Aktivierung, Proliferation, Differenzierung und Apoptose von Zellen. So wirkt eine große Gruppe von Chemokinen überwiegend proinflammatorisch, während andere Chemokine eine zentrale Rolle in der Reifung von Lymphozyten einnehmen (Ohl et al., 2003). Weitere Chemokine vermitteln die Entwicklung des „immunologischen Gedächtnisses“, indem sie die Proliferation von Effektor- und Gedächtniszellen stimulieren (Sallusto et al., 1999). Chemokine spielen auch in der Angiogenese und der Entwicklung von Tumormetastasen (Azenshtein et al., 2002; Murakami et al., 2002) eine Rolle. Chemokine und ihre Rezeptoren lassen sich weiterhin in eine konstitutiv sezernierte Gruppe (CCR4, CCR7, CCR9, CXCR4-5), eine durch Faktoren wie Interleukin-1 (IL-1) und TNF-α induzierbare Gruppe (CCR1-3, CCR5-6, CXCR1-3) und eine überlappende Gruppe (CCR8, CCR10, CXCR6) unterteilen (Murphy, 2000).

Chemokine die auf demselben Gencluster codiert sind, binden an dieselben oder zumindest an Rezeptoren ähnlicher Funktion. Zahlreiche Gene inflammatorischer Chemokine sind auf dem menschlichen Chromosom 17 lokalisiert, während die lymphatisch assoziierten Chemokine CCL19 und CCL21 auf dem Chromosom 9 lokalisiert sind (Rot et al., 2004). Chemokine werden nicht nur in gelöster Form in das zirkulierende Blut sezerniert, sondern auch durch Glykosaminoglykane (GAGs), Moleküle zu denen Chemokine, vor allem CCL5, eine hohe Affinität besitzen, auf der innersten Zellschicht, dem Endothel, verankert. Auf diese Weise entsteht ein Chemokingradient, dem Zellen, welche mit dem entsprechenden Rezeptor ausgestattet sind, folgen (Proudfoot et al., 2001). Dieser Vorgang wird Haptotaxis genannt, im Gegensatz zur Chemotaxis, der Wanderung entlang eines frei gelösten Gradienten (Wiedermann et al., 1993).

Die chemokingesteuerte Rekrutierung von Leukozyten soll am Beispiel von CCL5/RANTES (*Regulated upon Activation, Normal T cell Expressed and presumably Secreted*), dem Prototyp eines proinflammatorischen Chemokins, skizziert werden:

CCL5 dient als eine Art Hilferuf, den Zellen unter erhöhten Stress abgeben. In gesundem Gewebe liegen nur geringe, in fast jedem entzündeten Gewebe jedoch stark erhöhte CCL5-Konzentrationen vor (von Luettichau et al., 1996). Exogene oder endogene Noxen aktivieren ortsständige oder eingewanderte Zellen und regen die Sekretion von Chemokinen an. Vor allem als fremd erkannte Antigene, aber auch eine Ischämie oder Hypoxie kommen als potentielle Noxen in Frage. Durch die Schädigung des Endothels werden proinflammatorische Zytokine, z.B. TNF-α und IFN-γ sezerniert. Durch diese Zytokine werden andere Zellen aktiviert: weitere Endothel- oder Epithelzellen (Wells et al., 1998), T-Zellen, welche CCL5 abhängig von ihrem Reifegrad exprimieren, aber vor allem Thrombozyten (Nelson et al., 2001), deren Granula eine hohe CCL5-Konzentration aufweisen (Kameyoshi et al., 1994; Nelson et al., 2001). Bei Aktivierung der Thrombozyten kommt es nun zur Freisetzung von CCL5 aus den Granula und somit zu einer hohen Konzentration von CCL5-Molekülen im Bereich des gestressten Endothels (Kameyoshi et al., 1994), welche von zirkulierenden Zellen durch die CCL5-Rezeptoren wahrgenommen wird (Abbildung 2). Durch auf dem Endothel exprimierte Selektine werden die Zellen innerhalb von Millisekunden abgebremst und rollen auf der Gefäßoberfläche (Luscinskas et al., 1996). Die Leukozyten wiederum reagieren ihrerseits und in der Folge werden Integrine hochreguliert, welche an Immunglobuline binden, welches zum Stillstand der rollenden Zellen und zur festen Anhaftung am Endothel führt. Anschließend folgen die Zellen im Rahmen der Haptotaxis einem oberflächengebundenen Gradienten in Richtung der ansteigenden Chemokindichte (Rot, 1993; Wiedermann et al., 1993).

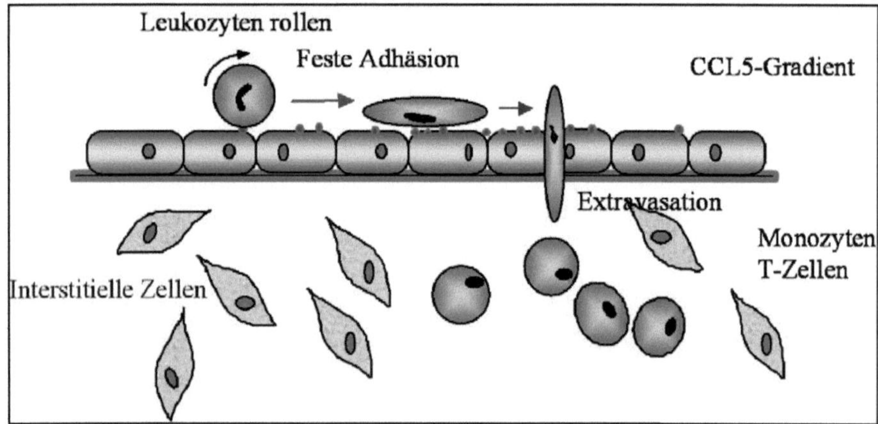

Abbildung 2: Schematische Darstellung der Rekrutierung von Leukozyten.

Die Leukozyten folgen einem Glykosaminoglykane-vermittelten CCL5-Gradienten. Wichtigste CCL5-Quelle sind Thrombozyten, welche das Chemokin in ihren Granula speichern. Durch Interaktion von Selektinen und Integrinen können die Leukozyten auf dem Endothel rollen und fest adhärieren. Durch Expression von Matrixmetalloproteasen und nach einer Formveränderung, dem sogenannten Shape-Shift, können die Leukozyten das Gefäß verlassen.

Abbildung modifiziert nach Nelson und Krensky, 1998

Es folgen Diapedese und Extravasation der Leukozyten durch das Endothel in das Gewebe, vermutlich ebenfalls entlang eines Chemokingradienten (Leppert et al., 1995). Chemokine regulieren in diesem Zusammenhang auch die Expression und

Aktivität von Matrixmetalloproteasen (MMPs). Deren proteolytische Aktivität ist die Voraussetzung für die Extravasation von Zellen durch die Basalmembran und die extrazelluläre Matrix (Leppert et al., 1995; Xia et al., 1996). Ähnlich stellt man sich auch die Migration diverser anderer Zellen vor, wie z. B. Stammzellen (Lüttichau et al., 2005), Tumorstammzellen oder Tumorzellen aus den entsprechenden Nischen in die Zirkulation und dann an den Ort eines Geschehens, sowie auch das gezielte Zurückwandern von Zellen in ihre Nische („*homing*") (Lapidot et al., 2005).

Zusammengefasst stellen Chemokine eine heterogene Gruppe von chemotaktisch aktiven Zytokinen dar, die die zielgerichtete Migration von Zellen steuern. Durch ihre Interaktion mit anderen sezernierten oder zellständigen Faktoren sind Chemokine aktive Spieler in den meisten physiologischen und pathologischen Prozessen. In dieser Arbeit wird der Hintergrund des selektiven Tropismus von Tumorzellen untersucht und eine Möglichkeit der gezielten Beeinflussung der Zellrekrutierung vorgestellt.

1.2. Chemokinrezeptorexpression im kutanen T-Zell Lymphom

1.2.1. Selektiver Tropismus von Tumoren

Bereits Virchow hat 1863 angedeutet, dass Krebs häufig an Orten chronischer Entzündungsreaktionen entsteht (Balkwill et al., 2001). Inzwischen gibt es vielfältige Evidenz für die Verbindung zwischen Entzündung und der Entwicklung maligner Tumore (Coussens et al., 2002; Philip et al., 2004). Die Karzinogenese bedient sich hierbei physiologischer Mechanismen, welche im Sinne des Tumors alteriert werden. Diese Mechanismen werden von Entzündungszellen, aber auch von Mediatorsubstanzen wie Chemokinen und Zytokinen gesteuert (Coussens et al., 2002).

Das eigentlich für die Erregerabwehr zuständige zelluläre entzündliche Infiltrat führt letztlich auch zur Gewebezerstörung. Dieselben Zellen tragen auch dazu bei, dass ein Wechsel von Gewebezerstörung zur Geweberegeneration stattfindet (Levy et al., 2001). Wenn die Auflösung einer Entzündung nicht stattfindet, entsteht eine chronische Entzündungsreaktion. Die dominierenden Zellpopulationen in chronischen Entzündungsherden sind Lymphozyten, Plasmazellen und Makrophagen, die Faktoren sezernieren, die zu DNA-Schäden führen und zu dauerhaften Gewebeschäden. In diesem Umfeld ist die Prädisposition zur Entstehung von Tumoren gegeben.

Im weiteren Verlauf kann es zur Tumormetastasierung kommen. Wie bei der Entzündungsreaktion kommt es hier zur selektiven Zellrekrutierung und -migration in bestimmte Zielorgane. Die Metastasierung erfolgt in aufeinander folgenden Schritten: maligne transformierte Zellen durchbrechen die Basalmembran und gelangen in Blut- oder Lymphgefäße. Lymphknotenmetastasen in nahegelegenen Lymphknoten entstehen in der Regel früher als hämatogene Metastasen. Manche Tumoren, wie z.B. das papilläre Schilddrüsenkarzinom, metastasieren nur lymphatisch (Lawson et al., 1983).

In das Blutgefäßsystem eingedrungene Tumorzellen folgen häufig dem physiologischen Blutkreislauf und verbleiben in kleinen Gefäßen der stromabwärts gelegenen Organe, wie z.B. Lebermetastasen bei Darmtumoren oder Hirnmetastasen bei Bronchialkarzinomen.

CCR	Chemokin	Neoplasie	Referenz
CCR1	CCL3, CCL5, CCL7, CCL8, CCL13, CCL14, CCL15, CCL23	Ovar-Ca, HCC	(Scotton et al., 2001) (Yang et al., 2006)
CCR2	CCL2, CCL7, CCL8, CCL13	Mamma-Ca	(Zafiropoulos et al., 2004)
CCR3	CCL5, CCL7, CCL8, CCL11, CCL13, CCL14, CCL15	CTCL, RCC, M. Hodgkin, Mamma-Ca	(Kleinhans et al., 2003) (Johrer et al., 2005) (Buri et al., 2001) (Pan et al., 2000)
CCR4	CCL17, CCL22	Lymphome, Bronchial-Ca	(van den Berg et al., 1999) (Berin et al., 2001)
CCR5	CCL3, CCL4, CCL4, CCL8, CCL11, CCL13, CCL14	Mamma-Ca, Prostata-Ca, Neuroblastom	(Azenshtein et al., 2002) (Vaday et al., 2006) (Cartier et al., 2003)
CCR6	CCL20	Colon-Ca, Plattenepithel-Ca	(Wang et al., 2004) (Rubie et al., 2006)
CCR7	CCL19, CCL21	Melanom, Lymphome, Prostata, Plattenepithel-Ca	(Kakinuma et al., 2006) (Hasegawa et al., 2000) (Heresi et al., 2005) (Rubie et al., 2006)
CCR8	CCL1, CCL16	Kaposi-Sarkom	(Haque et al., 2001)
CCR9	CCL25	Prostata, intestinale Metastasen	(Singh et al., 2004) (Letsch et al., 2004)
CCR10	CCL27, CCL28	Melanom, Mamma,	(Murakami et al., 2003) (Pan et al., 2000)
CCR11	CCL19, CCL21, CCL25	Multiples Myelom	(Arendt et al., 2002)
CXCR1	CXCL5, CXCL6, CXCL8	Melanom, Bronchial-Ca, Pankreas-Ca, Prostata	(Varney et al., 2003) (Zhu et al., 2004) (Kuwada et al., 2003) (Kim et al., 2001),
CXCR2	CXCL1, CXCL2, CXCL3, CXCL5, CXCL7, CXCL8	Ösophagus-Ca, neuroendokrine Tumoren	(Wang et al., 2006) (Tecimer et al., 2000)
CXCR3	CXCL9, CXCL10, CXCL11	HCC, B- und T-Zell-Lymphome, Melanom	(Yoong et al., 1999) (Trentin et al., 1999) (Jones et al., 2000) (Ishida et al., 2004)
CXCR4	CXCL12	Mamma-Ca, Osteosarkom, RCC, Bronchial-Ca, Lymphome, Magen-Ca	(Kato et al., 2003), (Miura et al., 2005) (Schrader et al., 2002) (Phillips et al., 2003), (Corcione et al., 2000) (Mitra et al., 1999)
CXCR5	CXCL13	B-Zell Lymphome, Colon-Ca	(Husson et al., 2002) (Meijer et al., 2006)
CXCR6	CXCL16	Colon-Ca, Gliome	(Wagsater et al., 2004), (Ludwig et al., 2005)
CX3CR1	CX3CL1	*	*
XCR1	XCL1, XCL2	*	*
Duffy Antigen	CXCL8, CCL1, CCL5, CXCL1, CXCL7	Prostata-Ca, SCLC	(Lentsch, 2002) (Addison et al., 2004)
D6	CCL2, CCL4, CCL5, CCL8, CCL13, CCL14, CCL15	vaskuläre Tumoren	(Nibbs et al., 2001)

Tabelle 1: Chemokinrezeptoren im Kontext maligner Neoplasien

*keine Literaturstellen verfügbar; HCC= hepatozelluläres Karzinom; RCC= Nierenzellkarzinom, SCLC= kleinzelliges Bronchialkarzinom

Metastasierende Tumoren können allerdings auch einen selektiven Tropismus in spezifische Organe entwickeln, die nicht im direkten venösen Abflussgebiet liegen, z.B. das Osteosarkom. Eine potentielle Erklärung für diese Selektivität liegt in der Expression von bestimmten Chemokinrezeptoren auf der Tumorzelloberfläche.

Zahlreiche Studien haben gezeigt, dass Chemokine in der Tumorentstehung und -metastasierung eine wichtige Rolle spielen. Eine Vielzahl von Tumorzellen weist eine bestimmte Kombination von Chemokinrezeptoren auf, welche die Lokalisation der Metastasen beeinflusst (Azenshtein et al., 2002; Murakami et al., 2002; Kakinuma et al., 2006) (Tabelle 1). Chemokine, die von Tumoren sezerniert werden, locken nicht nur infiltrierende Zellen an, sondern tragen auch zum Tumorwachstum und zur Tumorangiogenese bei. So dienen die Chemokine CXCL1-3 und CXCL8 als autokrine Wachstumsfaktoren im malignen Melanom und anderen Tumoren (Schadendorf et al., 1993; Miyamoto et al., 1998), während CXCL1-3 und CXCL5-8 bei Endothelzellen eine direkte Chemotaxis und Angiogenese in vivo auslösen (Strieter et al., 1995).

Die Oberflächenexpression von Chemokinen wird in dieser Arbeit am kutanen T-Zell Lymphom (CTCL) untersucht. Es weist einen sehr spezifischen Tropismus zur Haut auf, Lymphknotenmetastasen und zirkulierende maligne Zellen treten erst im Spätstadium auf, eine Organmanifestation ist äußerst selten (Kotz et al., 2003). Die genaue Kenntnis der hierbei involvierten Chemokinrezeptoren trägt zu einem besseren Verständnis der Pathogenese dieser Erkrankung bei.

1.2.2. Kutane T-Zell Lymphome

Kutane T-Zell Lymphome (CTCL) bilden einen heterogenen Formenkreis von Non-Hodgkin-Lymphomen und machen ungefähr 1% der Non-Hodgkin-Lymphome und 80% der kutanen Lymphome (Willemze et al., 1999) aus. Sie sind durch die Proliferation von epidermotropen T-Zell-Klonen charakterisiert (Duvic et al., 2004) und exprimieren den Immunophänotyp reifer CD4-positiver T-Zellen (Girardi et al., 2004).

Das CTCL entsteht primär in der Haut und unterscheidet sich klinisch, histologisch, immunophänotypisch und genetisch von anderen Lymphomen, welche sekundär die

Haut befallen (Pimpinelli et al., 1993; Kerl et al., 1994). Die Inzidenz des CTCL liegt bei ca. 1/100.000. Die Ätiologie ist nach wie vor nicht völlig geklärt, es wird jedoch eine Vielzahl pathogenetischer Faktoren diskutiert. Es wird vermutet, dass eine persistierende Antigenstimulation in der Haut durch eine chronische Entzündung, wie bei der atopischen Dermatitis oder der Psoriasis, zur Proliferation eines malignen Klons führt (Duvic et al., 2004).

Im klinischen Bild zeigen sich drei vorherrschende charakteristische Läsionen – Maculae, flache Hautläsionen, deren Farbe von der umgebenden Haut differiert, Schuppungen und Tumoren (Duvic et al., 2004).

Die Mycosis fungoides und das Sezary Syndrom sind die häufigsten, lange Zeit einzig beschriebenen Vertreter dieser Familie. Die Einteilung der CTCL erfolgt nach den EORTC-WHO Kriterien (Willemze et al., 1999).

Mycosis fungoides (MF)
Mycosis fungoides - Varianten und Subtypen
Sézary Syndrom
Adult T-cell leukemia/lymphoma
Primär kutane CD30+ lymphoproliferative Erkrankungen
Subkutanes Pannikulitis-artiges T-Zell-Lymphom
Extranodales NK/T-Zell-Lymphom, nasaler Typ
Primär kutanes peripheres T-Zell-Lymphom, nicht genauer spezifiziert

Tabelle 2: WHO-EORTC (European Organisation for Research and Treatment of Cancer) Klassifikation der kutanen T-Zell Lymphome (ohne Unterformen) (Willemze et al., 1999)

Die Mycosis fungoides ist erstmals im Jahre 1806 von dem französischem Arzt Alibert beschrieben worden. Die Bezeichnung bezieht sich auf das pilzförmige Aussehen der Tumoren und hat nichts mit einer mykotischen Ätiologie zu tun. Im Jahre 1938 erkannten Sezary und Bouvrain das Sezary Syndrom als leukämische Form des CTCL, charakterisiert durch die klinischen Trias Erythrodermie, Lymphadenitis und zirkulierenden Zellen mit ungewöhnlichen großen, bizarr geformten Zellkernen, den sogenannten Sezary-Zellen.

Das Sezary Syndrom macht ca. 5% der diagnostizierten CTCL aus (Kotz et al., 2003). Eine Erythrodermie, also die Rötung der gesamten Haut bei einem vorbestehendem CTCL, aber auch de novo, entstehen und ist gelegentlich das einzige klinische Merkmal eines Sezary Syndroms. Außerhalb der Haut kann, wenn auch extrem selten, prinzipiell jedes Organ betroffen sein, vor allem die regionalen Lymphknoten werden im Rahmen einer Lymphknotenbeteiligung bevorzugt infiltriert. Eine Knochenmarksbeteiligung ist möglich, wird jedoch oft erst bei der Autopsie festgestellt. Bei manchen Patienten kann sich durch die Immunschwäche eine Sepsis entwickeln, die einen oft zum Tode führenden fulminanten Verlauf mit sich zieht (Duvic et al., 2004).

T (Haut)	
T1	limitierte Plaques oder Schuppen <10% der Körperoberfläche
T2	generalisierte Plaques oder Schuppen >10% der Körperoberfläche
T3	Tumoren
T4	generalisierte Erythrodermie

N (Lymphknoten)	
N0	nicht beteiligt
N1	klinisch beteiligt, histologisch unauffällig
N2	klinisch unbeteiligt, histologisch auffällig
N3	klinisch beteiligt, histologisch auffällig

M (viszeral)	
M0	Unbeteiligt
M1	viszerale Beteiligung

B (Blut)	
B0	keine atypischen zirkulierenden (Sezary-) Zellen
B1	zirkulierende atypische (Sezary-) Zellen

Tabelle 3: TNMB-Klassifizierung des CTCL

Das allgemein benutzte Staging System, um Art und Ausmaß der Krankheit zu bestimmen, ist eine Abwandlung des ***T**umor, **N**odi lymphatici, **M**etastasen (TNM)* – Systems, welches 1978 beim Cutaneous T-cell lymphoma Workshop des National Cancer Institutes entwickelt worden ist (Tabelle 3 und 4) (Lamberg et al., 1979). Art und Ausmaß der Hautläsionen sind die wichtigsten Prognosefaktoren des CTCL.

Klinisches Staging System für SS und MF von 1978			
Klinische Stadien	T	N	M
IA	T1	N0	M0
IB	T2	N0	M0
IIA	T1-2	N1	M0
IIB	T3	N0-1	M0
IIIA	T4	N0	M0
IIIB	T4	N1	M0
IVA	T1-4	N2-3	M0
IVB	T1-4	N0-3	M1

Tabelle 4: Klinisches Staging System des CTCL

Dieses System wurde bei dem National Cancer Institute Workshop im Jahre 1978 in Anlehnung an das TNM System etabliert.

Hämotoxylin-Eosin gefärbte Biopsien sind der wichtigste Bestandteil der Diagnosestellung beim CTCL. Frühe Läsionen können unspezifisch sein und nur eine marginale oberflächliche Infiltration durch lymphozytäre Zellen zeigen (Duvic et al., 2004). Läsionen fortgeschrittener Stadien zeigen charakteristische Verdickungen der Epidermis und ein dichtes lymphozytäres Infiltrat mit einem Begleitödem der Haut. Oft ist die Epidermis ähnlich wie bei der Psoriasis hyperplastisch und begleitet von einer Hyperkeratose und fokaler Parakeratose. Die Zellen befinden sich oft in der dermal-epidermalen Junktionszone. Bei der Mycosis fungoides ist die Bildung von Tumorzellansammlungen in der Epidermis, sogenannten Pautrier-Mikroabzessen, typisch.

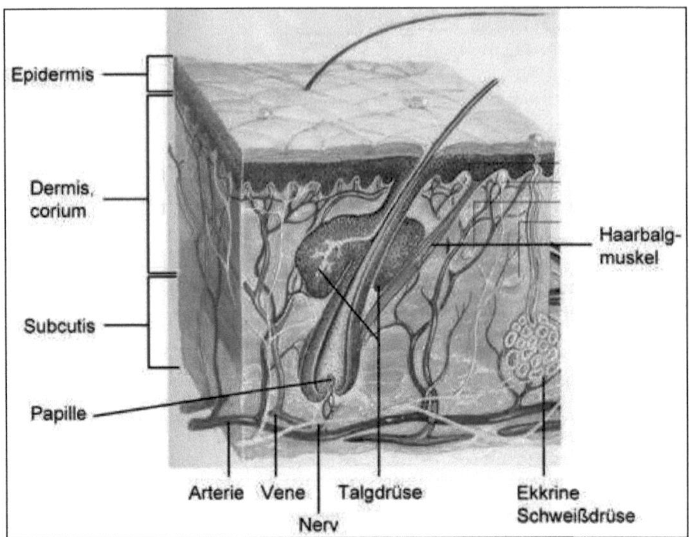

Abbildung 3: Schematische Darstellung der menschlichen Haut.

Die Haut setzt sich aus der Epidermis, Dermis und der Subcutis zusammen. Das CTCL manifestiert sich vor allem in Epidermis und der epidermalen Junktionszone. Entnommen aus: (Powell et al., 2002)

1.2.3. Potentiell im CTCL exprimierte Chemokinrezeptoren

Die molekularen Mechanismen, welche die Homöostase der Haut regulieren, ermöglichen auch den malignen Zellen des CTCL die Infiltration der Haut. Naive T-Zellen zirkulieren wiederholt in Lymphknoten, um dort mit Antigen-präsentierenden Zellen in Kontakt zu kommen (von Andrian et al., 2003). Bei Aktivierung kommt es zur Expression des *kutanen Lymphozyten Antigens* (CLA) und verschiedener Chemokinrezeptoren, wie z.B. CCR4 (Reiss et al., 2001), welches den selektiven Epidermotropismus induziert. Beim CTCL gerät dieser Mechanismus außer Kontrolle (Ferenczi et al., 2002), es kommt zu einer übermäßigen Proliferation hautinfiltrierender monoklonaler T-Lymphozyten, welche bestimmte Chemokinrezeptoren verstärkt exprimieren. So wurden neben CCR4 auch die Rezeptoren CXCR3 (Lu et al., 2001) und CCR3 (Kleinhans et al., 2003) in verschiedenen CTCL-Unterformen in unterschiedlicher Ausprägung nachgewiesen und korrelieren mit dem klinischen Bild.

Angesichts der offensichtlich zentralen Rolle von Chemokinen in der Pathogenese und Verlauf des CTCL erschien die weitere Untersuchung der exprimierten Chemokine als wichtiger Schritt. Vor allem der ausgeprägte Epidermotropismus und die im späteren Verlauf auftretende lymphatische Invasion sind auf die Expression spezifischer Chemokinrezeptoren zurückzuführen.

Lymphatische Infiltration - CCR7 und CXCR5

Das aggressive Sezary Syndrom geht immer mit einer lymphatischen Infiltration einher (Willemze et al., 1999). Ähnlich wie bei der Migration antigenpräsentierender dendritischer Zellen, werden die malignen T-Lymphozyten in der Peripherie aktiviert, akkumulieren in Lymphknoten und interagieren mit T-Zellen. Dendritische Zellen und T-Lymphozyten exprimieren den Chemokinrezeptor CCR7. Die höchste Rezeptordichte wird bei naiven, noch nicht aktivierten, T-Zellen und einer kleinen Untergruppe, den sogenannten zentralen T-Gedächtniszellen gefunden, während alle anderen reifen T-Zellen CCR7-negativ sind (Sallusto et al., 1999). Der CCR7-Ligand CCL19 wird von dendritischen Zellen in den Lymphknoten gebildet und durch Transzytose auf dem Lymphendothel präsentiert (Kellermann et al., 1999; Katou et al., 2003), während der zweite CCR7-Ligand CCL21 konstitutiv vom Lymphendothel selbst exprimiert wird. Zusammen mit den Adhäsionsmolekülen VCAM, LFA-1 und L-Selektin wird durch diese Liganden die Adhäsion von Lymphozyten auf dem Lymphendothel (Gunn et al., 1998) vermittelt.

Eine CCL21-Expression liegt auch im Lymphendothel der Haut vor. Die zentrale Rolle von CCR7 in der Migration von Leukozyten in dermale Lymphbahnen wurde in mehreren Studien demonstriert. In CCR7-knock-out-Mäusen konnten dendritische Zellen nicht in dermale Lymphbahnen eindringen (Ohl et al., 2004) oder in regionalen Lymphknoten akkumulieren (Forster et al., 1999).

Neben der physiologischen Expression auf Lymphozyten und dendritischen Zellen wurde CCR7 auf transkriptionaler und Proteinebene ebenfalls in Brustkrebs- und Melanomzelllinien nachgewiesen. Wiley et al. (Wiley et al., 2001) erreichten mit Überexpression von CCR7 in Melanomzellen eine verstärkte Lymphknotenmetastasierung, während CCL21-Antikörper die Metastasierungsrate verringerten. Klinisch besteht in CCR7-exprimierenden Tumoren eine Korrelation zwischen CCR7-Expression und Lymphknotenmetastasen (Murakami et al., 2004; Heresi et al., 2005). Es ist also durchaus wahrscheinlich, dass CCR7 auch im CTCL die lymphatische Metastasierung bedingt.

Im Zuge der Lymphozytenreifung, d.h. der Aktivierung von CD4-positiven T-Zellen durch dendritische Zellen wird CCR7 herunterreguliert und stattdessen CXCR5 *de novo* exprimiert, ein Chemokinrezeptor der normalerweise nur auf B-Zellen nachzuweisen ist. CXCL13, der CXCR5-Ligand wird in den B-Zell-reichen Lymphfollikeln produziert, jedoch nicht in der angrenzenden T-Zell-Zone. Die CXCR5-Expression verursacht die Migration der T-Zellen aus der T-Zell-Zone in die Lymphfollikel und eine weitere Differenzierung in Gedächtnis- oder Effektorzellen. CXCR5 geht während der weiteren Reifung allerdings schnell verloren, so dass CXCR5 wohl nur in der frühen T-Zell-Aktivierung eine Rolle spielt (Ohl et al., 2003).

Eine CXCR5-Überproduktion ist in zahlreichen lymphoproliferativen B-Zell Erkrankungen nachzuweisen (Husson et al., 2002). Eine Beteiligung von CXCR5 an der Pathogenese von T-Zell-Lymphomen wurde bisher noch nicht beschrieben.

Hautinfiltration - CCR4 und CCR10

Der Chemokinrezeptor CCR4 ist ein wichtiger Regulator bei der Rekrutierung von T-Lymphozyten in die Haut. CCR4 ist vor allem auf CLA-positiven T-Helfer-Lymphozyten vom Typ 2 coexprimiert (Sallusto et al., 1998), welche mit Hilfe von CLA an das Adhäsionsmolekül E-Selektin an dem Gefäßendothel binden und rollen können (Soler et al., 2003). Der vor allem von dem kutanen Gefäßendothel sezernierte Ligand CCL17 bildet einen chemotaktischen Gradienten und besitzt eine verstärkende Wechselwirkung mit dem CCR10-Liganden CCL27 bei Stimulation mit TNF-α (Vestergaard et al., 2004). Auch CCR4 ist mit einer Vielzahl von malignen, v.a. hämatologischen Erkrankungen in Verbindung gebracht worden. Die Expression von CCR4 korreliert mit Hautmetastasierung, Prognose und Überleben von adulten T-Zell Lymphomen (Ishida et al., 2003). Auch das CTCL exprimiert regelmäßig CCR4 (Ferenczi et al., 2002) – die Serumkonzentration von CCL17 reflektiert die klinische Aktivität bei Mycosis fungoides (Kakinuma et al., 2003). Weiterhin scheint CCR4 mit der Pathogenese des systemischen Lupus erythematodes (Okamoto et al., 2003) und mit allergischen pulmonalen Erkrankungen assoziiert zu sein (Chantry et al., 2002). Die allergische Wirkung wird vor allem durch CCL22, einem weiteren CCR4-Liganden vermittelt, der auch von intestinalen Zellen sezerniert wird. Dermale Keratinozyten sezernieren bei entzündlichen Prozessen, wie z.B. atopischer Dermatitis und Psoriasis eine Vielzahl von Chemokinen, z.B. CCL17 (Giustizieri et al., 2001). Weiterhin sezernieren sie in konstant niedriger Konzentration CCL27, ein Chemokin, welches nur in der Haut gefunden wird (Homey et al., 2002).

CCL27 ist einer der Liganden für CCR10, einem Rezeptor der auf hautinfiltrierenden CLA-positiven T-Zellen exprimiert ist und eine wichtige Rolle in der kutanen Immunüberwachung spielt. Während in normaler, nicht entzündeter Haut nur eine geringe Expression von CCR10 vorliegt, ist in entzündlichen Prozessen eine höhere Anzahl CCR10-positiver Zellen nachzuweisen (Homey et al., 2002). CCL28, ein weiterer Ligand von CCR10 wird vor allem in mukösem Gewebe, wie z.B. Speicheldrüsen oder Darm gebildet (Kunkel et al., 2003; Ogawa et al., 2004). Eine Verbindung zum Kolonkarzinom und zum allergischen Asthma wird diskutiert (Dimberg et al., 2006; English et al., 2006).

Murakami et al. (Murakami et al., 2003) zeigten, dass humane Melanomzelllinien durchgehend CCR10 exprimieren und in Abhängigkeit von CCR10 Tumoren in der Haut bilden. Weiterhin löst eine Exposition von CCR10-positiven Zellen mit CCL27 eine erhöhte Resistenz gegenüber den Apoptose induzierenden FAS-Liganden aus.

Aufgrund der derzeitigen Datenlage ist zu erwarten, dass neben CCR4 auch CCR10 eine Rolle in der Pathogenese des CTCL spielt. Möglicherweise besteht eine Korrelation zwischen Chemokinrezeptorexpression mit dem histologischen Subtyp oder dem klinischen Stadium. Weiterhin könnte CCR10 auch als Angriffspunkt für eine selektive Tumortherapie dienen.

1.3. Gezielte Beeinflussung der chemokinvermittelten Zellrekrutierung

1.3.1. Selektive Chemokininhibitoren

Die Kenntnis der Expressionsmuster von Chemokinen und Chemokinrezeptoren erlaubt nicht nur ein genaueres Verständnis der physiologischen Vorgänge bei der Zellrekrutierung, sondern ermöglicht auch deren gezielte Beeinflussung. Mit selektiven Chemokinantagonisten ist es zum einen möglich, das Zusammenspiel verschiedener Chemokine und ihrer Rezeptoren zu untersuchen, indem die von ihnen regulierten Vorgänge nach Ausschaltung eines oder mehrerer Rezeptoren beobachtet werden. Zum anderen können Chemokinrezeptoren auch Zielstrukturen neuer Therapieansätze darstellen, z.B. bei der Tumortherapie, indem die Migration von Tumorzellen und das Tumorwachstum beeinflusst werden. Auch die Beeinflussung der Entzündungsreaktion, z.B. bei der Transplantatabstoßung oder allergischen Erkrankungen, ist denkbar.

Es existieren verschiedene Ansätze, um Chemokine bzw. deren Chemokinrezeptoren zu antagonisieren. So können Antikörper, *small molecule antagonists*, virale chemokinbindende Proteine, Heparine und kompetitive Inhibitoren zur Hemmung chemokingesteuerter Effekte, z.B. Chemotaxis, Neoangiogenese und Tumorwachstum, eingesetzt werden (Giles et al., 2006; Kakinuma et al., 2006).

Relativ viele Ergebnisse liegen mit Antagonisten des proinflammatorischen Chemokins CCL5 vor. CCL5 wird im Mamma- und im Ösophaguskarzinom (Azenshtein et al., 2002), (Vaday et al., 2006) (Cartier et al., 2003) exprimiert. Bisher ist CCL5 als Ligand für drei Chemokinrezeptoren identifiziert worden, deren Expression vom Zelltyp abhängt: CCR1, CCR3 und CCR5. Die Erweiterung des signalgebenden N-Terminus ermöglicht der Herstellung potenter Antagonisten, die bereits erfolgreich im Tiermodell getestet wurden (Grone et al., 1999; Bedke et al., 2002). Die am besten untersuchte und bisher potenteste Variante ist Met-RANTES, welches durch die N-terminale Erweiterung um einen Methioninrest erzeugt wird und dem in den Lysosomen von Escherichia coli enthaltenen Pro-CCL5 entspricht (Proudfoot et al., 1996). Als kompetitiver Antagonist bindet Met-RANTES direkt an das aktive Zentrum der CCL5-Rezeptoren. Es weist keine biologische Aktivität auf, induziert also keine Chemotaxis und hemmt im Gegenzug effektiv die CCL5-

vermittelte Chemotaxis (Proudfoot et al., 1996). Ein Problem der klinischen Anwendung ist allerdings die relativ große Menge von Met-RANTES-Protein, die für eine systemische Gabe nötig ist (40-200µg/Tag/Ratte) (Song et al., 2002). Weiterhin sind unerwünschte Effekte einer systemischen Gabe eines CCL5-Antagonisten zu erwarten, so dass eine lokale Therapie, z.B. bei der Transplantatabstoßung oder Tumortherapie, erstrebenswert erscheint.

1.3.2. Glykosylphophatidylinositol-Anker

Nahezu jedes Protein kann mit einem Glykosylphophatidylinositol (GPI)-Anker verbunden und so in Zellmembranen integriert werden. GPI-Anker integrieren physiologischerweise Proteine in Zellmembranen und sind auf fast allen eukaryonten Zellen zu finden. Ihr Molekulargewicht beträgt ca. 2kDa. Der Carboxyterminus des Proteins wird hierbei über eine Phosphodiesterbindung eines Phosphoethanolamins mit einem Trimannosyl-nicht-acetylierten Glucosaminkern (Man3-GlcN) verbunden. Das reduzierte Ende des Glucosamins ist mit einem Phosphatidylinositol (PI) verbunden, welches wiederum über eine weitere Phosphodiesterbindung mit einem hydrophoben Rest aus zwei Fettsäuren verbunden ist, der in die Zellmembran inseriert (Medof et al., 1996) (Abbildung 4).

Die in die Zellmembran integrierten GPI-gebundenen Proteine werden physiologischerweise durch die Phospholipase C an der Diesterbindung des Phosphoinositols gespalten. Dies kann man sich für den Nachweis einer GPI-Protein-Membranbindung zu Nutzen machen (Djafarzadeh et al., 2004). Phospholipase C wandelt Phosphoinositol in 1,4,5-Inositoltriphophat um, welches die Kalziumkanäle des endoplasmatischen Retikulums öffnet und somit auch in der Signaltransduktion eine zentrale Rolle spielt (Katada et al., 1985).

Die Funktion über GPI-Anker verankerter Proteine kann von reiner Adhäsion bis zur vollen Funktionsfähigkeit mit intrazellulärer Signaltransduktion reichen, wie z.B. bei MMP-Inhibitoren (Djafarzadeh et al., 2004). Die Bindung von Chemokinen an GPI-Ankern ist bisher noch nicht beschrieben worden, im Prinzip kann jedoch jedes Protein durch Ersatz der 3`-Endsequenz durch die Sequenz eines ursprünglich GPI-verankerten Proteins wie dem Adhäsionsmolekül LFA-3, zu einem GPI-gekoppelten Derivat verwandelt werden. Auf diese Art könnte eine längerdauernde endotheliale Integration unabhängig von anderen Faktoren wie Glykosaminoglykanen erreicht werden. Ob die Funktionalität der gekoppelten Chemokine bzw. Chemokinantagonisten erhalten bleibt, ist offen.

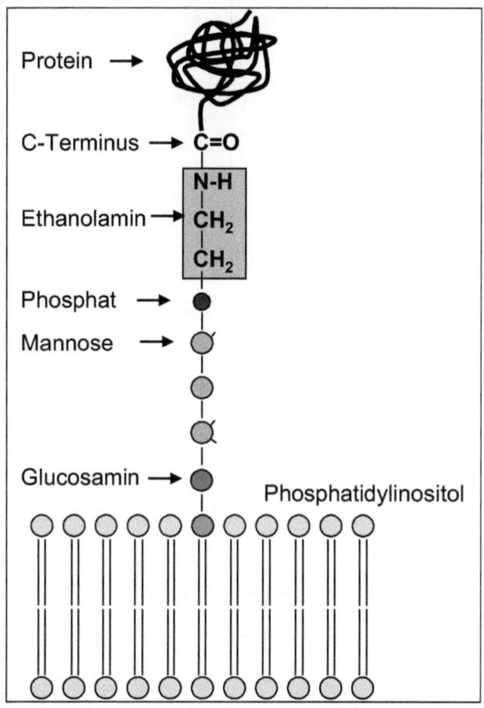

Abbildung 4: Schematische Darstellung der Struktur eines Glykosylphosphatidylinositol-(GPI)-Ankers

GPI-Anker sind amphiphatische Strukturen, die aus einer Phosphatidylinositol-Kopfgruppe, verschiedenen Kohlenhydratresten und Phosphoethanolamin bestehen. Sie sind mit dem Carboxyterminus des jeweiligen Proteins verbunden und verankern selbiges durch die hydrophoben Fettsäuren des Phosopsholipides in der äußeren Schicht der Lipiddoppelmembran. Nach Medof et al., 1996.

1.3.3. CCL5 – molekulare Struktur

Die Kenntnis der CCL5-Struktur ist für das Verständnis der Funktion dieses Chemokins maßgeblich. Das Protein hat ein Molekulargewicht von 7,847 kDa und besteht aus 68 Aminosäuren und einer nach der Synthese im endoplasmatischen Retikulum abgespaltenen Pro-Sequenz (Nelson et al., 1998). Der isoelektrische Punkt liegt bei einem pH-Wert von 9,5, das Protein ist also stark basisch. Die für Chemokine typische Sekundärstruktur wird durch zwei Disulfidbrücken zwischen dem ersten (Aminosäure 10) und dritten (AS 34) und zwischen dem zweiten (AS 11) und vierten (AS 50) Cysteinrest gebildet (Nelson et al., 1998) (Abbildung 5).

Dem Amino-Terminus kommt eine wichtige biologische Bedeutung zu. Der an die Chemokinrezeptoren bindende Teil erstreckt sich über die ersten sieben Aminosäuren. Ein um eine Methioninaminosäure verlängertes CCL5-Molekül, Met-RANTES, ist wie in 1.3.1. beschrieben, ein potenter kompetitiver Inhibitor des Wildtyp-Chemokins.

Ebenfalls biologisch relevant sind die GAG-Bindungsstellen (AS 44-47 und AS 55-61). Über diese stark positiv geladenen Bindungsstellen können membrangebundene Glykosaminoglykane an das Protein binden und es so auf dem Endothel verankern. Neben den Proteoglykanen CD44 und CD138 besitzen auch Heparine und Heparansulfate über Glykosaminoglykanketten eine hohe Affinität zu den GAG-Bindungsstellen von CCL5 (Proudfoot et al., 2001). Auch die Bildung großer Aggregate wird über die GAG-Bindungsstellen vermittelt. Die biologische Aktivität von CCL5 ist stark von dem Grad der Polymerisierung abhängig (Proudfoot et al., 2001). Eine Veränderung der GAG-Bindungsstellen reduziert sowohl die Größe der Polymere als auch die biologische Aktivität erheblich (Proudfoot et al., 2001).

Die Fähigkeit der Aggregation ist weiterhin von dem pH-Wert abhängig. Analysen der Quartärstruktur mit der *nuclear magnetic resonance* (NMR) (Skelton et al., 1995) haben gezeigt, dass CCL5 ab einem pH-Wert von 4,0 zur Aggregation neigt und große Polymere bildet, welches die Isolierung erschwert.

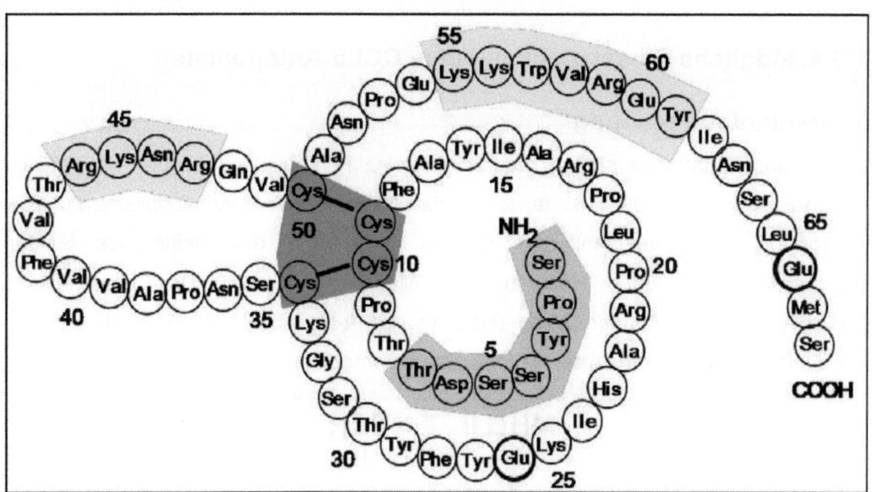

Abbildung 5: Aminosäure-Sequenz und Sekundärstruktur des RANTES Proteins nach Abspaltung der Signalsequenz.

Der blau hinterlegte N-Terminus interagiert direkt mit den Rezeptoren CCR1, CCR3 oder CCR5. Die gelb hinterlegten Areale kennzeichnen die Bindungsdomäne für Glykosaminoaminogklykane. Die Cysteinaminosäruen, charakteristisch für CC-Chemokine, sind grün hinterlegt.

Modifiziert entnommen aus dem Kapitel „The Chemokine RANTES“, (Peter J. Nelson et al.) in „Cyokines“; Handbuch der „Immunopharmacology Series“, Academic Press, 1998.

Verantwortlich für Aggregation und Bildung von großen CCL5-Polymeren sind die Glutaminreste 26 und 66. Ein Austausch des Glutamins an Position 26 durch ein Alanin (E26A) hat die Bildung von Tetrameren, ein weiterer Austausch des Glutamins an Position 66 (E66A) die Bildung eines Dimers zur Folge (Proudfoot et al., 2001). Beide Mutationen verursachen aufgrund des geringeren Polymerisierungsgrades des RANTES-Moleküls eine verminderte biologische Aktivität (Proudfoot et al., 2001).

1.3.4. Mögliche Einsatzgebiete eines CCL5-Antagonisten

Transplantatabstoßung

Organtransplantationen stellen oftmals die einzige kausale Therapie irreversibler Organerkrankungen, wie z.B. der terminalen Nieren- oder Herzinsuffizienz dar, Die Abstoßung des transplantierten Organs ist häufig der limitierende Faktor (Fischereder et al., 2004; Halloran, 2004; Marks et al., 2006). Die Diagnose und Therapie der Abstoßungsreaktion (Host vs. Graft-Reaktion) ist daher eine große Herausforderung der modernen Transplantationsmedizin.

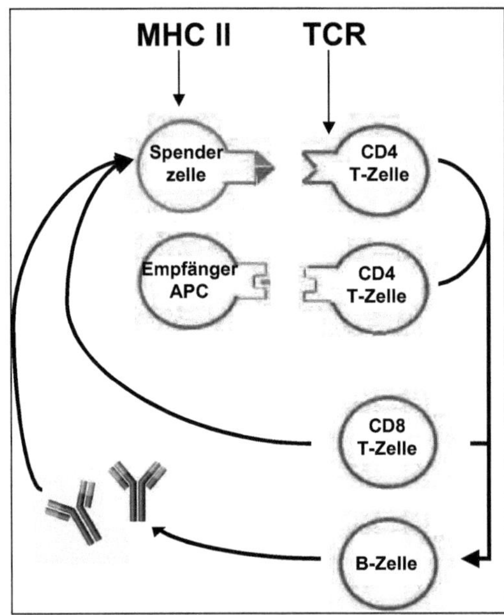

Abbildung 6: Schematische Darstellung der Organabstoßungsreaktion.

Körperfremde MHC-II-Moleküle werden dem Immunsystem entweder direkt oder über antigenpräsentierende Zellen (APC) präsentiert. CD4-positive T-Helferzellen können über den T-Zell-Rezeptor (TCR) die fremden MHC-II-Moleküle identifizieren. Je nach T-Zelltyp werden über Zytokine CD8-positive T-Killerzellen oder B-Zellen aktiviert. CD8-positive T-Zellen attackieren die körperfremden Zellen direkt, während B-Zellen zu Plasmazellen reifen und Antikörper, wie z.B. IgM oder IgG, produzieren.

Bei der Transplantatabstoßung wird zwischen einer akuten und einer chronischen Reaktion unterschieden. Frühe akute Schädigungen beruhen auf einer interstitiellen Entzündung und können zum Funktionsausfall und letztendlich zum Absterben des transplantierten Organs führen (Nankivell et al., 2006). Besonders in der zweiten und dritten Woche nach der Transplantation tritt die akute Abstoßungsreaktion auf. Eine engmaschige Kontrolle der Organfunktion durch Kontrolle von Laborwerten, Ultraschalluntersuchungen und ggf. Biopsie ist daher notwendig.

Eintreten und Schwere der chronischen Abstoßungsreaktion hängen von dem Gefäßschaden ab, der bei der akuten Abstoßungsreaktion entstanden ist. Tritt eine akute Abstoßungsreaktion nicht oder nur abgeschwächt auf, ist die Wahrscheinlichkeit einer chronischen Abstoßung deutlich geringer (Marks et al., 2006). Die chronische Entzündung der Gefäßwand verursacht eine Fibrosierung und Vernarbung, welche allmählich zu einer irreversiblen Gefäßstenosierung und dem Verlust der Organfunktion führen.

CCL5 spielt eine wichtige Rolle bei der Transplantatabstoßung (Pattison et al., 1994). Die Expression der Rezeptoren CCR1, CCR3 und CCR5 hängen vom Zelltyp ab. Monozyten exprimieren CCR1 und CCR5, natürliche Killerzellen CCR1 und CCR5, eosinophile Granulozyten CCR1 und CCR3, während T-Zellen alle drei Rezeptoren exprimieren (Nelson et al., 1998). CCR1 und besonders CCR5 sind in die Transplantatabstoßung involviert (Nelson et al., 2001).

Im Tierversuch zeigte sich, dass in präoperativ mit Met-RANTES perfundierten Transplantatnieren die akute Abstoßung und der damit verbundene Gewebeschaden vermindert werden. Die auf die akute Abstoßung folgenden chronischen Funktionseinbußen werden abgeschwächt (Grone et al., 1999; Song et al., 2002). Auch eine postoperative systemische Gabe von Met-RANTES verbessert die Prognose (Song et al., 2002).

Fischereder et al. (Fischereder et al., 2001) konnten einen direkten Bezug zwischen der Ausprägung des CCL5-Rezeptors CCR5 bei den Nierentransplantatempfängern und der mittleren Transplantatüberlebenszeit herstellen. Bedingt durch eine recht häufige, in 20% der mitteleuropäischen Bevölkerung heterozygote und 2% homozygote, Deletion des 32bp im CCR5-Rezeptor (CCR5Δ32), wird bei den Betroffenen ein nicht funktioneller Rezeptor auf der Zelloberfläche exprimiert. Diese Patienten zeigten eine deutlich verlängerte Transplantatsüberlebenszeit, es trat nur ein einziger Transplantatverlust im Beobachtungszeitraum auf (Fischereder et al., 2001).

Eine Inhibition der CCR1/CCR5-CCL5-Achse würde die initiale Rekrutierung von Leukozyten vor der festen Adhäsion hemmen und die Infiltration des transplantierten Organs durch Leukozyten vermindern und könnte so Transplantatschäden und Funktionsverluste vermeiden. Die effektive Integration eines CCL5-Antagonisten in das Endothel des Spenderorgans würde die präoperativ zu applizierende Dosis deutlich verringern. Eine systemische postoperative Gabe wäre dann nicht zwingend notwendig, mögliche Nebenwirkungen würden minimiert, da die Wirkung des Antagonisten vor allem lokal zum Tragen käme.

Tumortherapie

Wie in Kapitel 1.2. beschrieben, orchestrieren Chemokine und ihre Rezeptoren auch die Tumorgenese und Tumormetastasierung, ähnlich ihrer Rolle in der Rekrutierung von Leukozyten und Stammzellen. Sie ermöglichen Tumorzellen eine erleichterte Disseminierung, durch Adhärenz der Tumorzellen auf dem Endothel, Extravasation aus Blutgefäßen und beeinflussen Angiogenese und Proliferation (Kakinuma et al., 2006).

Der Einsatz von Chemokin- und Chemokinrezeptorantagonisten erlaubt die experimentelle Untersuchung der Abhängigkeit verschiedener Tumoreigenschaften, wie z.B. Wachstum oder Metastasierung, von bestimmten Chemokinen. Desweiteren sind therapeutische Ansätze denkbar, um z.B. das Wachstum größerer Läsionen zu hemmen oder um die Proliferation kleiner dissemenierte Tumoren zu unterbinden (Kakinuma et al., 2006).

In *in vitro* Experimenten wurde nach Exposition von B-16 Melanomzellen mit dem CCR10 hemmenden Pumiliotoxin eine erhöhte Sensitivität gegen Apoptose induzierende FAS-Liganden erreicht. Außerdem wurde im Mausmodell bei gleichzeitiger Gabe von CCL27-Antikörpern bei i.v.-Injektion von B16-Melanomzellen eine signifikant niedrigere kutane Tumormanifestation beobachtet (Murakami et al., 2003), während eine Behandlung mit monoklonalen Antikörpern gegen den CCR7-Liganden CCL21 eine verminderte lymphatische Metastasierung verursacht (Wiley et al., 2001). Eine Überexpression von CCR7 verursacht allerdings keine erhöhte Lungenmetastasierung, hier scheint vor allem CXCR4 eine Hauptrolle zu spielen. So hatte im Mausmodell die Exposition von Mammakarzinomzellen mit CXCR4-Antikörpern vor intravenöser Schwanzvenen-Injektion oder orthotoper

Transplantation eine verringerte Lungenmetastasierung zur Folge (Muller et al., 2001).

Im Ovarialkarzinomen wurde eine CCL22-vermittelte Infiltration durch T-Regulator-Zellen beobachtet (Curiel et al., 2004), welche die Toleranz des Immunsystems gegenüber Tumorzellen vermitteln (Ramsdell, 2003). CCL22-Antagonisten inhibieren die Chemotaxis von T-Regulator-Zellen in Richtung maligner Aszitesflüssigkeit um ca. 50%, während CXCXL12-Antagonisten keine wesentliche Wirkung zeigen, so dass CCL22 als hauptsächlicher Lockstoff für T-Regulator-Zellen in malignem Aszites dient. *In vivo* rekrutieren Ovarialkarzinomzellen T-Regulator-Zellen in Abhängigkeit von CCL22. Klinisch wurde eine Korrelation zwischen Tumorstadium, Anzahl von infiltrierten T-Regulator-Zellen und der Lebenserwartung festgestellt (Curiel et al., 2004).

Beim Mammakarzinom wurde eine Korrelation zwischen der Tumorprogression und der lokalen Tumorinfiltration von monozytären Zellen nachgewiesen (Stewart et al., 1997). Das proinflammatorische Chemokin CCL5 wird im Mammakarzinom signifikant überexprimiert und trägt möglicherweise zur Tumorprogression bei. CCL5 verursacht hierbei eine erhöhte Rekrutierung von monozytären Zellen in den Tumor. Außerdem verstärkt es die Expression von Matrixmetalloproteinase (MMP) 9 von monozytären Zellen und beschleunigt die Neoangiogenese (Azenshtein et al., 2002). Eine Inhibition des von Tumoren sezernierten CCL5 bewirkt im Mausmodell eine signifikant verminderte Lungen- und Lebermetastasierung (Stormes et al., 2005). Eine lokale Inhibition von CCL5 durch einen membranständigen CCL5-Antagonisten in dem Primärtumor oder seinen Metastasen könnte die lokale Infiltration von monozytären Zellen und somit auch die Tumorprogression hemmen, während unerwünschte systemische Effekt verhindert werden könnten.

2. Fragestellung und experimentelle Strategie

Ziel dieser Arbeit ist die Untersuchung der Grundlagen der gezielten Migration und des organspezifischen Tropismus von Tumoren in Hinsicht auf neue Therapieansätze und dem Einsatz von Chemokinantagonisten.
Es wird zunächst die Chemokinrezeptorexpression in malignen Tumoren am Beispiel des kutanen T-Zell Lymphoms (CTCL) untersucht, um Chemokinrezeptoren zu identifizieren, die mit dem Epidermotropismus und der späteren Infiltration des lymphatischen Systems in Zusammenhang stehen. Weiterführend wird die Herstellung eines GPI-gekoppelten Chemokin-Antagonisten, der zur gezielten Beeinflussung der chemokingesteuerten Zellrekrutierung im Tumor- oder Transplantatabstoßungsmodell eingesetzt werden kann, beschrieben.

Untersuchung der Chemokinrezeptorexpression im CTCL

Eine genaue Analyse der Chemokinrezeptorexpression vertieft das pathophysiologische Verständnis des CTCL und erlaubt die Evaluierung des Metastasierungspotentials und kann die Grundlage für neue Therapieansätze z.B. blockierende Antikörper oder kompetitive Antagonisten (ähnlich wie Met-RANTES-GPI) bilden. Die Migration von CD4-positiven T-Helfer-Zellen, dem Phänotyp maligner CTCL-Zellen, wird durch die Chemokinrezeptoren CCR4 und CCR10 beeinflusst Homey et al., 2002; Soler et al., 2003). Eine CCR4-Expression wurde im CTCL bereits nachgewiesen (Ferenczi et al., 2002; Kallinich et al., 2003; Shimauchi et al., 2006). Bei anderen Tumoren, wie z.B. dem malignen Melanom besteht ein Zusammenhang zwischen Hautmanifestation und CCR10-Expression (Murakami et al., 2003). Bei dem malignen Melanom und auch anderen Tumoren hängt die lymphatische Metastasierung von der Expression der Chemokinrezeptoren CCR7 oder CXCR5 ab. (Wiley et al., 2001; Murakami et al., 2004) ab. Aus diesen Gründen erscheint die funktionale Expression der Chemokinrezeptoren CCR10, CCR7 und CXCR5 im CTCL ebenfalls wahrscheinlich.

Hieraus leiten sich folgende Arbeitshypothesen ab:

1. CCR10 wird im CTCL exprimiert und vermittelt den Epidermotropismus.
2. CCR7 und/oder CXCR5 werden im CTCL exprimiert und fungieren als Mediatoren der lymphatischen Metastasierung.

Beeinflussung der chemokinvermittelten Zellrekrutierung

Die Identifizierung von Chemokinrezeptoren als Mediatoren der Zellrekrutierung erlaubt eine gezielte Beeinflussung dieses Mechanismus, um Tumordifferenzierung und –metastasierung, Transplantatabstoßung oder Entzündungsreaktionen zu steuern. Eine Möglichkeit der selektiven Inhibition besteht durch kompetitive Chemokinantagonisten. Die größte Erfahrung liegt mit Met-RANTES, einem am N-Terminus erweiterten CCL5-Antagonisten vor. Met-RANTES hemmt effektiv die CCL5-induzierte Migration (Proudfoot et al., 1996) von Leukozyten und ist im Nierentransplantationsmodell erprobt. Prä- und postoperativ systemisch appliziert, inhibiert es die akute und chronische Transplantatabstoßung (Grone et al., 1999; Song et al., 2002).

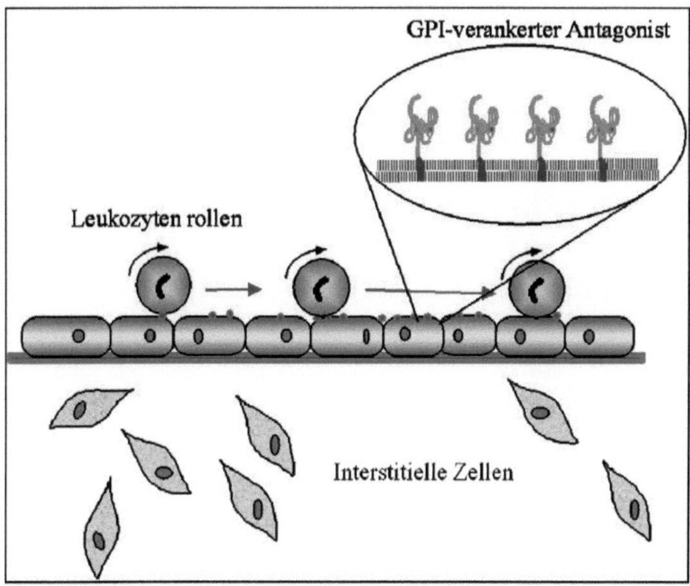

Abbildung 7: Wirkungsweise eines GPI-verankerten CCL5-Antagonisten

Der GPI-verankerte CCL5-Antagonist inhibiert die CCL5-vermittelte Haptotaxis, die Leukozyten sind nicht mehr in der Lage, fest zu adhärieren und das Gefäß zu verlassen (vgl. Abbildung 3). Die GPI-verankerten Antagonisten verweilen länger auf der Endotheloberfläche als frei zirkulierende Varianten.

Eine Verwendung in CCR5-abhängigen Tumormodellen, z.B. Mamma-Ca, ist ebenso denkbar, wie der Einsatz bei akuten oder chronischen Entzündungsreaktionen unterschiedlicher Genese. Die systemische Anwendung des Inhibitors ist aufgrund der relativ großen benötigten Menge zeit- und kostenintensiv. Systemische Nebenwirkungen sind außerdem sehr wahrscheinlich. Ziel war es deshalb, durch die Fusion von Met-RANTES mit einem GPI-Anker, einen fest im Gefäßendothel inserierenden CCL5-Antagonisten zu generieren, um eine hohe Lokalkonzentration und eine langdauernde Wirkung bei gleichzeitig geringerer benötigten Menge zu erreichen (Abbildung 7). Die Kombination eines Chemokins mit einem GPI-Anker ist ein innovatives Konzept und wurde noch nicht beschrieben.

Experimentelle Strategie

Untersuchung der Chemokinrezeptorexpression im CTCL

Die in vitro Experimente wurden mit der etablierten und genetisch stabilen Sezary Syndrom-Zelllinie HUT-78 durchgeführt:

- RT-PCR und Durchflusszytometrie zur Untersuchung der Chemokinrezeptorexpression
- Migrationsversuch zum Nachweis der funktionellen Expression von Chemokinrezeptoren
- Vergleich der Chemokinrezeptorexpression der CTCL-Linie HUT-78 mit Zelllinien von peripheren, nicht die Haut infiltrierenden Lymphomen
- Immunhistochemie von CTCL-Biopsien zur Erfassung der in vivo Distribution der Chemokinrezeptoren in betroffenen Hautarealen und befallenen Lymphknoten

Herstellung eines GPI-gekoppelten Chemokinantagonisten

Die Isolierung von Met-RANTES ist aufgrund des hohen Polymerisierungsgrades und der deshalb benötigten hohen Salzkonzentrationen relativ aufwendig. Daher werden zunächst mehrere Veränderungen in das native CCL5-Molekül eingeführt. Diese Modifikationen des CCL5-Proteins sind Bestandteil der Dissertation von Herrn cand. med. Jérôme Huppertz.

- Austausch eines Glutamins an Position 26 (E26A) und Austausch des Glutamins an Position 66 (E66A) zur Herstellung eines tetramerisierenden (E26A) bzw. dimerisierenden (E66A) Proteins
- Fusion des Carboxyterminus von Met-RANTES mit einem GPI-Anker
- Transfektion der dihydrofolatdefizienten Chinese Hamster Ovary (CHO)-Zelllinie mit dem Met-RANTES-GPI-Konstrukt. Gleichzeitige Mittransfektion von Dihydrofolatreduktase zur Selektion nichttransfizierter Zellen durch ein Selektionsmedium

Das in den CHO-Zellen stabil exprimierte Met-RANTES-GPI-Konstrukt muss nun isoliert und durch die Fast Protein Liquid Chromatographie (FPLC) gereinigt werden.

Dazu sind mehrere Reinigungsschritte nötig, deren Optimierung im Rahmen dieser Arbeit erfolgen:

- Erster Schritt: Heparinaffinitätschromatographie
- Zweiter Schritt: Kationenaustauschchromatographie
- Dritter Schritt: Molekülgrößensensitive Gelfiltration

Nach der erfolgreichen Isolierung wird die Funktionalität des Proteins überprüft:

- Durchflusszytometrie zum Nachweis der Wiederaufnahme (Reinkorporation) des Antagonisten durch humane Endothelzellen (HuMVEC)
- Transendothelialer Migrationsversuch zum Nachweis der effektiven Hemmung der transendothelialen Migration von Leukozyten

3. Material und Methoden

3.1. Material

3.1.1. Zellkultur

Medien und Zusätze

Kulturmedien	Bezugsquelle
Dulbecco´s Modified Eagle´s Medium (D-MEM)	Invitrogen, Carlsbad, USA
MEM Alpha Medium	Invitrogen, Carlsbad, USA
RPMI 1640	Invitrogen, Carlsbad, USA
Endothelial Cell Growth Medium	PromoCell, Heidelberg
Kulturzusätze	
dialysiertes fetales Kälberserum (dFBS)	Invitrogen, Carlsbad, USA
fetales Kälberserum (FBS)	Biochrom AG, Berlin
Penicillin/Streptomycin (P/S)	PAA Laboratories, Pasching
Hypoxanthin-Thymidin (HT)	Invitrogen, Carlsbad, USA
sonstige Reagenzien	
Phosphatgepufferte Salzlösung (PBS)	PAA Laboratories, Pasching
Trypsin-EDTA	PAA Laboratories, Pasching
EDTA	Biochrom AG, Berlin
Dimethylsulfoxid (DMSO)	Merck, Darmstadt
Trypanblau	Sigma-Aldrich, Taufkirchen
MycoAlert Mycoplasma Detection Kit	Lonza, Rockhand, USA

Medien für die Kultur von Epicuran coli

Medium	Substanz	Menge
LB- Agarplatte	Trypton	10g
	Hefeextrakt	5g
	NaCl	10g
	Bactoagar	15g
		H_2O auf 1l
NZY-Medium	NaCl	5g
	$MgSO_4$	2g
	Hefeextrakt	5g
	NZamine	10g
	Bactoagar	15g
		H_2O auf 1l

Zelllinien

Zelllinie	Beschreibung	Medium	Zusätze	Bezugsquelle
CHO/dhfr- (transfiziert mit Met-RANTES-GPI)	Dihydrofolatdefiziente Ovarzellen aus chinesischem Hamster	MEM Alpha	10% dFBS 1% P/S 1% H/T	ATCC*
HUT-78	Immortalisierte humane Sezary Syndrom Zelllinie	RPMI 1640	10% FBS	ATCC
Jurkat	Immortalisierte humane T-Zell-Leukämie Zelllinie	RPMI 1640	10% FBS	ATCC
SUP-T1	Immortalisierte humane lympho-blastisches Lymphom T-Zelllinie	RPMI 1640	10% FBS	ATCC
MOLT4	Immortalisierte humane akute lym-phoblastische T-Zellleukämie Zelllinie	RPMI 1640	10% FBS	ATCC
THP-1	Immortalisierte humane akute monozytäre T-Zellleukämie Z-Zelllinie	RPMI 1640	10% FBS	ATCC
HuMVEC	Immortalisierte humane mikrovaskuläre Endothelzelllinie	D-MEM	10% FBS	PromoCell, Heidelberg

. *American Type Culture Collection, Manassas, USA

3.1.2. Puffer und Lösungen

Fast Protein Liquid Chromatography (FPLC):

Alle verwendeten Puffer wurden, wenn nicht anders angegeben, in Injektionswasser hergestellt.

Puffer	Zusammensetzung
Hypertonischer Lysepuffer	5mM Tris/HCl 0,1 mM EDTA 2mM Magnesiumchlorid 1 Proteinase-Inhibitor-Tablette/10ml pH 7,5
Extraktionspuffer	10mM Natriumchlorid 1% Triton X-100 H 50 mM Tris/HCl 5mM EDTA 1 Proteinase-Inhibitor-Tablette/10ml pH 7,4
Heparin-Äquilibrierpuffer	100mM NaCl 10mM Natriumphosphat 0,1% Triton X-100-H pH 7,4
Heparin-Elutionspuffer	1200mM NaCl 10mM Natriumphosphat 0,1% Triton X-100-H pH 7,4
Heparin-Regenerierpuffer	2000mM NaCl 10mM Natriumphosphat 1% Triton X-100-H pH 7,4
Kationenaustausch-Äquilibrierpuffer	100mM NaCl 10mM Natriumphosphat 0,1% Triton X-100-H pH 7,4
Kationenaustausch-Elutionspuffer	1200mM 10mM Natriumphosphat 0,1% Triton X-100-H pH 7,4
Kationenaustausch-Regenerierpuffer	2000mM NaCl 10mM Natriumphosphat 1% Triton X-100-H pH 7,4
TSK-Puffer	0,025% Triton X-100-H In 1x PBS

SDS-PAGE:

Puffer	Zusammensetzung
Anodenpuffer (10x)	1 M Tris/HCl In Wasser, pH 8,3
Kathodenpuffer (10x)	1M Tris/HCl 1M Trizin 1% SDS In Wasser, pH 8,3

Silberfärbung:

Alle Lösungen wurden, wenn nicht anders angegeben, in Wasser hergestellt.

Lösung	Zusammensetzung
Fixierbad	50% Methanol 10% Essigsäure 40% Wasser
Inkubationslösung	12,65 mM Natriumthiosulfat 0,5M Natriumazetat 0,5% Glutaraldehyd (20%) 30% Ethanol
Silberlösung	0,1% Silbernitrat 0,06 Formaldehyd (37%)
Entwicklerlösung	235,9 mM Natriumcarbonat 0,03% Formaldehyd
Stopplösung	800 mM EDTA in Wasser

Alle Lösungen wurden, wenn nicht anders angegeben, in Wasser hergestellt.

3.1.3. Chemokine

Die Chemokine wurden nach den Herstellerangaben in Injektionswasser gelöst und vor den Experimenten in der entsprechenden Konzentration im Versuchsmedium verdünnt.

Chemokin	Bezugsquelle
rhCCL5	Peprotech, London, UK
rhCCL17	Peprotech, London, UK
rhCCL19	R&D Systems, Minneapolis, USA
rhCCL21	R&D Systems, Minneapolis, USA
rhCCL27	R&D Systems, Minneapolis, USA
rhCXCL10	Peprotech, London, UK
rhCXCL12	R&D Systems, Minneapolis, USA
rhCXCL13	R&D Systems, Minneapolis, USA

3.1.4. Antikörper

Die Antikörper wurden nach den Herstellerangaben in Injektionswasser gelöst und bei -20° gelagert. Vor den Versuchen wurden die Antikörper in vom Hersteller empfohlener Konzentration in PBS gelöst.

CCR10 (*a*), CCR5 (*c*), CXCR3 (*e*), CXCR5 (*g*) und der korrespondierenden Isotypen Maus IgG2a (*b*), Maus IgG2a (*d*), Maus IgG1 (*f*) und Ratte IgG 2b (*h*)

Primäre Antikörper

Antikörper	Spezies	Bezugsquelle
anti-hCCR4	Ziege	Capralogics, Hardwick, USA
anti-hCCR5	Maus, IgG2a	BD Pharmingen, Heidelberg
anti-hCCR5 VL3	Maus, IgG2b	Labor Peter Nelson, AG Klinische Biochemie, München (von Luettichau et al., 1996)
anti-hCCR7	Maus, IgG2b	Millennium, Boston, USA
anti-hCCR10	Maus, IgG2a	Millennium, Boston, USA
anti-hCXCR3	Maus, IgG2a	BD Pharmingen, Heidelberg
anti-hCXCR4	Maus, IgG2a	R&D Systems, Minneapolis, USA
anti-hCXCR5	Ratte, IgG2b	R&D Systems, Minneapolis, USA

Isotypen

Antikörper	Spezies	Bezugsquelle
IgG2a	Maus	BD Pharmingen, Heidelberg
IgG2b	Maus	BD Pharmingen, Heidelberg
IgG	Ziege	BD Pharmingen, Heidelberg
IgG2a	Ratte	BD Pharmingen, Heidelberg

Sekundärantikörper

Antikörper	Spezies	Bezugsquelle
Anti-Maus-FITC	Affe	Dako A/S, Glostrup
Anti-Maus-PE	Ziege	BD Pharmingen, Heidelberg
Anti-Ziege-FITC	Kaninchen	BD Pharmingen, Heidelberg
Anti-Maus-biotinyliert	Ziege	BD Pharmingen, Heidelberg
Anti-Ratte-biotinyliert	Kaninchen	BD Pharmingen, Heidelberg
Anti-Ziege-biotinyliert	Kaninchen	BD Pharmingen, Heidelberg

3.1.5. Sonstige Lösungen

Lösung	Bezugsquelle
TaqMan® Universal Mastermix	Applied Biosystems, Foster City, USA
First Strand Buffer (5x)	Invitrogen, Carlsbad, USA
Tris/ HCL (1M)	Invitrogen, Carlsbad, USA
Tris-Glyzin-SDS-Auftragspuffer	Invitrogen, Carlsbad, USA
NuPAGE® LDS Sample Buffer (4x)	Invitrogen, Carlsbad, USA
NuPAGE® Transfer Buffer (20x)	Invitrogen, Carlsbad, USA
Unmasking Solution	Vector, Burlingame, USA

3.1.6. Chemikalien

Chemikalie	Bezugsquelle
Acrylamid	Merck, Darmstadt
Bio-Rad-Reagenz	Bio-Rad, Hercules, USA
Dimethylsulfoxid (DMSO)	Merck, Darmstadt
EDTA	Merck, Darmstadt
Ethanol, absolut	Merck, Darmstadt
Formaldehyd (37%)	Sigma-Aldrich, Taufkirchen
Glutaraldehyd	Sigma-Aldrich, Taufkirchen
Isopropanol	Merck, Darmstadt
Methanol, absolut	Merck, Darmstadt
Magnesiumchlorid	Merck, Darmstadt
Natriumazetat	Merck, Darmstadt
Natriumchlorid (5M)	Merck, Darmstadt
Phosphat-gepufferte Kochsalzlösung (PBS)	Sigma-Aldrich, Taufkirchen
Proteinase-Inhibitor-Tabletten *Complete*	Roche, Mannheim
Salzsäure	Roth, Karlsruhe
Schwefelsäure	Merck, Darmstadt
Silbernitrat	Merck, Darmstadt
Trishydroxymethyaminomethan (Tris)	Merck, Darmstadt
Triton X-100, hydrogenisiert (Triton X-100-H)	Calbiochem, San Diego, USA
Wasser (Injektionswasser, Aqua ad iniectabilia)	Braun, Melsungen
Wasserstoffperoxid	Merck, Darmstadt
Xylol, absolut	Merck, Darmstadt

3.1.7. Oligonukleotide

Die kommerziell erhältlichen und entwickelten sequenzspezifischen Oligonukleotide für hCCR4, hCCR5; hGAPDH und rRNA wurden von der Firma Applied Biosystems (Foster City, USA), als fertig gemischte Präparate aus je zwei Oligonukleotiden und einer Fluoreszenzsonde (Assay on Demand, AoD oder predeveloped assay reagents, PDAR) in 20facher Konzentration geliefert. Es besteht kein Unterschied zwischen den beiden Gemischformen, die Bezeichnung AoD ist lediglich etwas älter. Die Sequenzen der Oligonukleotide wurden nicht bekannt gegeben. Im Folgenden wird statt den Bezeichnungen AoD oder PDAR von Oligonukleotid/Sonden-Gemischen gesprochen.

Die folgenden zusätzlichen Sonden-Primer-Gemische wurden selbst hergestellt:

Chemokin	Primer	Sequenz
hCCR7	Vorwärtsprimer	5´-GCTCCAGGCACGCAACTTT-3´
	Rückwärtsprimer	5´-ACCACGACCACAGCGATGA-3´
	Sonde	5´-AGCGCAACAAGGCCATCAAGGTG-3´
hCCR10	Vorwärtsprimer	5´-GAGGCCACAGAGCAGGTTTC-3´
	Rückwärtsprimer	5´-CCTGGACATCGGCCTTGTA-3´
	Sonde	5´-ACGCATACTCGGCTGAGCCACTGC-3´
hCXCR3	Vorwärtsprimer	5´-TGGCCGAGAAAGCAGGG-3´
	Rückwärtsprimer	5´-AGGCGCAAGAGCAGCATC-3´
	Sonde	5´-AGACGTGGCCAAGTCGGTCACCTC-3´
hCXCR5	Vorwärtsprimer	5´-TTGCCTTGCCAGAGATTCTCTT-3´
	Rückwärtsprimer	5´-TGAACCAGGCATGCGTTTC-3´
	Sonde	5´-TGCCACGTTGCACCTTCTCCCAA-3´

Primer für die Klonierung von LFA-3 und CCL5

Molekül	Primer	Sequenz
LFA-3	Vorwärtsprimer	5´-TCTTTGGAGATGAGCTCTAGAACAACCTGTATCCCAAGCAG-3´
	Rückwärtsprimer	5´-TCCCGCGGCCGCTATTGGCCGACGTCGACTCATAATACAT TCATATACAGCACAATACATGTTG-3´
hCCL5	Vorwärtsprimer	5´-CGGCGGAATTCATGAAGGGTCTCCGCGG-3´
	Rückwärtsprimer	5´-TGGGATACAGGTTGTTCTAGAGCTCATCTCCAAAGATTGATG-3´

LFA-3:

Der Vorwärtsprimer korrespondiert mit den Nukleotiden 616-633 von LFA-3 und enthält eine integrierte Restriktionsstelle die von der Restriktionsendonuklease XbaI gespalten werden kann und das Subklonieren ermöglicht (in Tab. unterstrichen). Der

Rückwärtsprimer korrespondiert mit den Nukleotiden 860-877 von LFA-3 und enthält eine eingebaute SalI-Schnittstelle (in Tab. unterstrichen).

hCCL5:

Der Vorwärtsprimer enthält das Startkodon für das humane CCL5, die EcoRI Restriktionsstelle (in Tab. unterstrichen) und die ersten 16 hCCL5-kodierenden Nukleotide beginnend mit dem Startkodon ATG. Der Rückwärtsprimer enthält 15 Nukleotide GPI-Sequenz, eine XbaI-Restriktionsstelle (in Tab. unterstrichen) und 22 Nukleotide hCCL5-Sequenz ohne Stopkodon, damit die GPI-Sequenz exprimiert werden kann.

Primer zur Modifikation der CCL5-Sequenz

Mutation	Primer	Sequenz
Met-RANTES	Vorwärtsprimer	5′-CCTGCATCTGCCATGTCCCCATATTCCTCG-3′
	Rückwärtsprimer	5′-GGACGTAGACGGTACAGGGGTATAAGGAGC-3′
E66A	Vorwärtsprimer	5′-CGTGCCCACATCAAGGCGTATTTCTACACCAG-3′
	Rückwärtsprimer	5′-CTGGTGTAGAAATACGCCTTGATGTGGGCACG-3′
E26A	Vorwärtsprimer	5′-GTACATCAACTCTTTGGCGATGAGCTCTAGAACAACC-3′
	Rückwärtsprimer	5′-GGTTGTTCTAGAGCTCATCGCCAAAGAGTTGATGTAC-3′

3.1.8. Gebrauchsfertige Sets

Gebrauchsset	Verwendung	Bezugsquelle
Anti Mouse WesternBreeze™ Chemiluminscent Detection Kit – Anti Mouse	Western Blot	Invitrogen, Carlsbad, USA
Vectastain® ABC Kit	Immunhistochemie	Vector, Burlingame, USA
DAB Substrate Kit for Peroxidase	Immunhistochemie	Vector, Burlingame, USA
QuikChange® Site-Directed Mutagenesis Kit	Mutation	Stratagene, La Jolla, USA
Wizard Prep Kit	Plasmidextraktion	Stratagene, La Jolla, USA

3.1.9. Geräte

Gerät	Hersteller
Zellkultur-Zentrifuge MinifugeT	Heraeus, Hanau
Zentrifuge Megafuge 10.R	Heraeus, Hanau
Tischzentrifuge Centrifuge 5415D	Eppendorf, Hamburg
Ultrazentrifuge L70 mit Rotoren Vti 65 und Ti45	Beckman Coulter, Krefeld
Ultraminizentrifuge Optima TL mit Rotor TLV-100	Beckman Coulter, Krefeld
Mixer Vortex Genie 2	Bender & Hobein, Zürich,Schweiz
Sterile Werkbank 1	Bioflow, Meckenheim
Sterile Abdeckung SterilGuard Hood	Baker, Sanford, Maine, USA

Elutriator *J6M*	Beckmann Instruments
Luminometer *Lumat LB 9501* und *Lumat LB 9507*	Berthold, Bad Wildbad
Geltrockner *Gel dryer 583*	BioRad, München
Netzgeräte *PowerPac 300* und *3000*	BioRad, München
Transformationsgerät E.coli-Pulser	BioRad, München
Sterilfiltrator Centricon concentrator Amicon Ultra 10,000 MWCO	Millipore, Eschborrn
ELISA-Lesegerät *GENiosPlus*	Tecan, Crailsheim
Durchflusszytometriescanner *FACSCalibur*	BD Biosciences, San Jose, USA
Gelkammer	Novex, San Diego
RT-PCR Gerät *TaqMan 7700*	Applied Biosystems, Foster City, USA
Mikroskop *Axiovision*	Carl Zeiss Jena GmbH, Jena
Brutschrank *BB 6220 CU*	Heraeus, Hanau
Wasserbad *DC-1*	Haake, München
Schüttelfähiger Heizblock *Thermomixer comfort*	Eppendorf, Hamburg

3.1.10. Software

Software	Modalität	Hersteller
CellQuest	Durchflusszytometrie	BD Biosciences, Bedford, USA
AbiPrism	RT-PCR	Applied Biosystems, Foster City, USA
xFluor	ELISA, Migration	Tecan, Crailsheim
Unicorn 4.0	FPLC	Amersham Biosciences, Uppsala, SWE
MatInspector	Mutation	Genomatix, Ann Arbor, USA

3.1.11. Säulenchromatographie

Alle Reinigungsschritte wurden mit einem Äkta FPLC-System (Amersham Biosciences, Uppsala, SWE) durchgeführt.

Säule	Hersteller
Heparin Sepharose Fast Flow 12ml	Amersham Biosciences, Uppsala, SWE
Umsalzung (HiTrap Desalting, 2 x 5ml)	Amersham Biosciences, Uppsala, SWE
Kationenaustausch SP Sepharose HP	Amersham Biosciences, Uppsala, SWE
TSK-(Toyo Soda Kogiyu) Gelsäule, 15ml	Tosoh Bioscience, Stuttgart
Amicon® Centricon® Concentrator MWCO 10000	Millipore, Billerica, USA

3.1.12. Verwendete Platten

Platte	Matrix	Verwendung	Hersteller
HTS Fluoroblok™ Multiwell Insert System 8µm	8 x 12	Migration	BD Biosciences, Bedford, USA
HTS Fluoroblok™ Multiwell Insert System 3µm	4 x 6	Migration	BD Biosciences, Bedford, USA
Rundboden-Mikrotiterplatte	8 x 12	Durchflusszyto-metrie	Greiner Bio-One, Frickenhausen
Optical Reaction Plate	8 x 12	TaqMan®	Applied Biosystems, Foster City, USA

3.1.13. Sonstige verwendete Materialien

Gerät	Verwendung	Hersteller
Zählkammer	Zellkultur	Novex

3.2. Zellbiologische Methoden

3.2.1. Zellkultur

Die Kultur wurde in 150 cm^3 Kulturflaschen unter Standardbedingungen (37°C, 100% Luftfeuchtigkeit, 5% CO_2) durchgeführt. Um Kontaminationen mit Pilzen und Bakterien zu vermeiden, wurden alle Arbeitsschritte mit lebendigen Zellen unter sterilen Bedingungen und sterilen Reagenzien durchgeführt. Die Kulturmedien wurden vor der Benutzung in einem Wasserbad auf 37°C erwärmt. Um Mykoplasmeninfektionen frühzeitig zu erkennen, wurden die Zellen monatlich auf eine Mykoplasmeninfektion getestet. Die verwendeten Zelllinien und Kulturmedien sind unter 3.1.1. aufgeführt.

3.2.2. Ernten von Zellen

Das Kulturmedium wurde jeden dritten Tag ausgetauscht und die Kulturen wurden bei 90%-Konfluenz im Verhältnis 1:3 bis 1:10 gesplittet. Adhärent wachsende Zellen wurden hierbei vorher mit 4ml PBS gewaschen und mit 2ml 5mM Ethylendiamintetraessigsäure (EDTA) in phosphatgepufferter Salzlösung (PBS) für 10 Minuten inkubiert. Anschließend wurde10 ml Medium mit Serum zur Neutralisation der EDTA dazugegeben. Die Zellsuspension wurde in ein 15ml-Röhrchen überführt und bei 220g für 3 Minuten abzentrifugiert und der Überstand abgesaugt. Das Zellpellet wurde mit der entsprechenden Menge Kulturmedium verdünnt und in eine neue Kulturflasche überführt oder für die entsprechenden Versuche verwendet.

3.2.3. Einfrieren von Zellen

Zur langdauernden Lagerung wurden lebende Zellen im entsprechenden Kulturmedium mit 10% Dimethylsulfoxid in einem Isopropanolbehälter für 24 Stunden bei –80°C u nd anschließend in flüssigem Stickstoff bei –180°C e ingefroren.

3.2.4. Zählen von Zellen

Die Zellzahl wurde mit einer Neubauer-Zählkammer bestimmt. Hierfür wurden 50µl aus der Zellsuspension 1:1 mit Trypanblau verdünnt und in die Zählkammer pipettiert. Es wurden nur Trypanblau-negative, lebendige Zellen von vier

Großquadraten für einen Versuch ausgezählt. Anschließend wurde die Zellzahl pro ml mittels folgender Formel ermittelt:

Zellzahl/ml = gezählte Zellzahl/4 × Verdünnungsfaktor × 10^4

3.3. Durchflusszytometrie

Mit der Durchflusszytometrie ist es möglich, mit Hilfe eines Lasers gleichzeitig die Größe (Vorwärtsstreulicht), Granularität (Seitwärtsstreulicht) und Oberflächenproteine (durch Farbstoff-konjugierte Antikörper) einer Zelle quantitativ zu analysieren. Die verwendete Laserwellenlänge von 488nm entspricht der Wellenlänge der geläufigen fluoreszierenden Farbstoffe Fluoreszeinisothiocyanat (FITC, grün, Emissionswellenlänge von 530 nm) und Phycoerythrin (PE, rot, Emissionswellenlänge von 585 nm).

Die Oberflächenproteine werden bei der Durchflusszytometrie mit einem Primärantikörper markiert. Mittels eines fluoreszenzmarkierten Sekundärantikörpers wird die Konzentration des Primärantikörpers im Vergleich zu einem entsprechenden, unspezifischen Isotypen gemessen.

Verschiedene Chemokinrezeptoren wurden mit der Durchflusszytometrie untersucht. Alle Inkubationsschritte wurden bei einer Temperatur von 4°C durchgeführt. Für die Detektion des CCL5-GPI Fusionsprotein wurde der monoklonale hCCL5-spezifische Antikörper VL3 (von Luettichau et al., 1996) verwendet, Die kommerziell erhältlichen Antikörper, die jeweiligen Isotypen und sekundären Antikörper sind im Materialteil beschrieben. Es wurden jeweils 2 x 10^5 Zellen in 100µl PBS in einer 96-Well-Rundboden-Mikrotiterplatte ausplattiert.

Die Zellen wurden folgendermaßen gewaschen: die Mikrotiterplatte wurde 2 Minuten bei 300g zentrifugiert, der Überstand verworfen und die Zellen erneut in 100 µl PBS resuspendiert.

Die Zellen wurden mit dem Primärantikörper (gelöst in 50µl PBS) eine Stunde lang inkubiert. Nach dreimaligem Waschen wurden die Zellen mit dem zweiten Antikörper (ebenfalls gelöst in 50µl PBS) 40 Minuten inkubiert. Um ein vorzeitiges Ausbleichen des Farbstoffs zu verhindern, wurden die Ansätze mit dem zweiten Antikörper bei Dunkelheit inkubiert.

Vor der Analyse wurden die Proben zweimal mit PBS gewaschen und mit 200µl PBS in dedizierte Durchflusszytometrieröhrchen überführt. Um bei der Analyse nur die vitalen Zellen einzuschließen, ist jede Probe mit 1µl Propiumiodid (PI) angefärbt worden, welches nur Zellen mit zerstörter Membranintegrität anfärbt. Die Auswertung erfolgte mit einem BD FACSCalibur-Gerät und mit der CellQuest-Software. Avitale PI-positive Populationen wurde exkludiert. Die abgebildeten Histogramme stellen die

Fluoreszenz des spezifischen Antikörpers im Vergleich zum jeweiligen unspezifischen Antikörper dar.

3.4. Quantitative Real Time TaqMan® PCR (RT-PCR)

Die quantitative Real-Time-PCR basiert auf dem Prinzip der herkömmlichen Polymerase-Kettenreaktion und erlaubt die Vervielfältigung von DNA. Zusätzlich besteht die Möglichkeit der Quantifizierung mit Hilfe von Fluoreszenz-Messungen am Ende bzw. während eines PCR-Zyklus. Die Fluoreszenz nimmt proportional mit der Menge der PCR-Produkte zu. Vor der Quantifizierung muss zunächst Gesamt-RNA isoliert und in cDNA umgeschrieben werden.

RNA-Isolierung und reverse Transkription

Für einen Versuch wurden $2x10^6$ Versuchszellen in 2ml PBS gelöst und 4 Minuten bei 220g zentrifugiert. Das Sediment wurde bei –20°C bis zur RNA-Isolierung eingefroren.

Die Gesamt-RNA der Zellen wurde dem Protokoll der Firma Qiagen (Hilden, Deutschland) entsprechend durch Zentrifugation isoliert und mit 33µl RNAse-freiem Wasser pro Säule eluiert. DNAsen wurden während der Isolierung mit dem kompatiblen Reagenzienpaket nach Protokoll des Herstellers entfernt.

Für die reverse Transkription von 33µl Säulen-Extrakt wurden je 3µl für eine Negativkontrolle ohne Reverse Transkriptase (RT^--Ansätze) in ein neues Gefäß überführt. Die restlichen 30µl Extrakt wurden mit folgender Reaktionslösung in cDNA umgeschrieben (RT^+-Ansätze):

Probe	1x
First Strand Buffer (5x)	60,40%
DTT	13,4 mM
dNTP	1,5 mM
RNAsin	2,5 U/µl
Acrylamid	0,7 µM
Hexamernukleotide (10x)	3,4%

Tabelle 5: Zusammenstellung der Reaktionslösung für die reverse Transkription

Die oben angegebenen Komponenten wurden zu einer Reaktionslösung für alle Ansätze der RT-PCR gemischt.

Die reverse Transkription wurde ohne Änderungen nach dem Protokoll der Firma Applied Biosystems durchgeführt.

Die RT^--Ansätze wurden einer Verdünnung von 1:10 entsprechend mit RNAse-freiem Wasser auf 30µl aufgefüllt, während zu den RT^+-Ansätzen jeweils 1µl Superscript Reverse Transkriptase pipettiert wurde. 13,9µl der Reaktionslösung wurde zu allen Ansätzen gegeben und für 60 Minuten bei 42°C und leichtem Schütteln in einem schüttelfähigen Heizblock inkubiert. Alle Proben wurden danach bis zur weiteren Verwendung bei –20°C eingefroren.

Real Time RT-PCR

Die Real Time RT-PCR wurde auf einem TaqMan© System (Applied Biosystems, Weiterstadt, Deutschland) mit der hitzeaktivierten TaqDNA Polymerase (Amplitaq Gold, Applied Biosystems) und ohne Änderungen nach dem Protokoll der Firma Applied Biosystems durchgeführt.

Die RT^+-Proben wurden, wie zuvor die RT^--Proben bei der reversen Transkription, mit RNAse-freiem Wasser 1:10 verdünnt. RT^+- und RT^--Proben wurden aus je drei unabhängigen, nacheinander mit der gleichen Zellcharge durchgeführten Experimenten, im Verhältnis 1:1:1 gemischt.

Für jedes zu untersuchende Gen wurde eine Gebrauchslösung angesetzt, wobei unterschieden wurde, ob es sich bei den vorhandenen Sonden um kommerziell bezogene Oligonukleotid/Sonden-Gemische handelte oder ob Sonde und Oligonukleotide noch selbst gemischt werden mussten.

Die Zusammensetzung der Gebrauchslösung war wie folgt:

kommerziell erhältlich		selbst generiert/ Primer und Proben	
TaqMan© Universal Mastermix	10 µl	TaqMan© Universal Mastermix	10µl
Oligonukleotid/Sondengemisch	1 µl	Vorwärtsprimer	300 nM
Wasser	7 µl	Rückwärtsprimer	300 nM
		Sonde	100 nM
		Wasser	auf 18µl auffüllen

Tabelle 6: Zusammensetzung der Gebrauchslösung für die RT-PCR

Für alle Gene wurde je eine Gebrauchslösung angesetzt, zu der anschließend die zu untersuchenden cDNA-Proben gegeben wurden. Zu den kommerziellen Oligonukleotid/Sondengemischen wurden keine Angaben über Konzentrationen von der Firma gemacht und lediglich das Mischungsverhältnis in der Gebrauchslösung angegeben. Die Angaben beziehen sich auf ein zu untersuchendes Gen und einen gemessenen Ansatz (Einfachansatz).

Für die cDNA-unspezifische TaqMan©-Sonde rRNA wurden zur Kontrolle einer unspezifischen Fluoreszenz auch die RT⁻-Ansätze gemessen. Außerdem wurden zur Kontrolle der Reinheit der Sonden jeweils Duplikate ohne cDNA-Proben gemessen (non template control, NTC). Alle Proben wurden wie folgt angesetzt:

	RT^+- Ansatz	RT^-Ansatz	NTC
Gebrauchslösung pro Gen	20 µl	20 µl	20 µl
cDNA Proben	2,2 µl RT^+	2,2 µl RT^-	-

Tabelle 7: Zusammensetzung der Ansätze für die TaqMan® RT-PCR

Die Gebrauchslösung, die für das zu untersuchende Gen hergestellt wurde, wurde mit den cDNA-Proben von RT^+-Ansätzen und RT^--Ansätzen versetzt.

Es wurden jeweils 20 µl der Ansätze pro Well in die spezielle optische TaqMan©-PCR-Platte pipettiert und mit einer Folie luftdicht verklebt. Nach einer kurzen Zentrifugation wurde die Platte in das TaqMan©-Gerät gestellt und das Programm gestartet.

Das Programm sieht einen initialen Halt nach 2 Minuten bei 50°C und nach 10 Minuten bei 95°C vor. Danach durchliefen die Proben 40 Zyklen bei 95°C für jeweils 15 Sekunden und einen Zyklus bei 60°C für 60 Sekunden.

Die Quantifizierung der DNA-Menge basiert nicht auf absoluten Mengen des PCR-Produktes, sondern auf der Kinetik der Reaktion. Es wird der sogenannte Ct-Wert, ein Fluoreszenz-Schwellenwert berechnet. Dieser Schwellenwert wurde manuell an jenen Zyklus angepasst, in dem die Kurven anfingen zu steigen. Bei Proben mit unbestimmtem Ct-Wert wurde dieser gleich 40 gesetzt, da bei einer über 40 Zyklen durchgeführten RT-PCR die Probe als negativ gemessen wurde. Die NTC-Ansätze und RT^-Ansätze für rRNA und ß-Aktin wurden auf Fluoreszenznegativität überprüft. Es wurde festgelegt, dass die Ct-Werte der RT^-Ansätze sich von den RT^+- Ansätzen um mindestens fünf Zyklen unterscheiden sollten. Von den Ct-Werten aller Dreifachansätze, die nicht mehr als einen Zyklus voneinander entfernt lagen, wurden die jeweiligen Mittelwerte berechnet.

Der Unterschied der Expression des Zielgens im Vergleich zur Referenzprobe, dem Haushaltsgen/rRNA wurde nach folgender Formel berechnet:

dCT = Ct(Zielgen) – Ct(Referenzgen/rRNA)

Der dCt-Wert wurde als Potenz zur Basis 2 dargestellt, wobei der Endwert 2^{dCt} entspricht.

Bei den NTC-Kontrollen konnte keine Fluoreszenz, also keine Kontamination durch DNA festgestellt werden. Als Referenzgen diente rRNA.

3.5. Immunhistochemie

Mit der Immunhistochemie werden Antigene auf Gewebeschnitten gefärbt und optisch dargestellt. Der Nachweis beruht auf der Affinität von Antikörpern zu einem bestimmten Epitop, bei der es zu einer spezifischen Bindung zwischen Epitop und Antikörper kommt. Der spezifische Antikörper wird Primärantikörper genannt. In einem zweiten Schritt wird ein sogenannter Sekundärantikörper aufgetragen, der an ein bestimmtes Enzym gebunden ist. Am gängigsten ist die Verwendung eines biotinylierten Sekundärantikörpers, an den der Avidin/ biotinylierte Peroxidase Komplex (AB-Komplex) bindet (Abbildung 8). Der Peroxidase wird Wasserstoffperoxid als Substrat angeboten. Die freiwerdenden Protonen oxidieren zugegebene farblose Chromogene (z.B. 3,3´-Diaminobenzidin, DAB) zu einem farbigen Endprodukt.

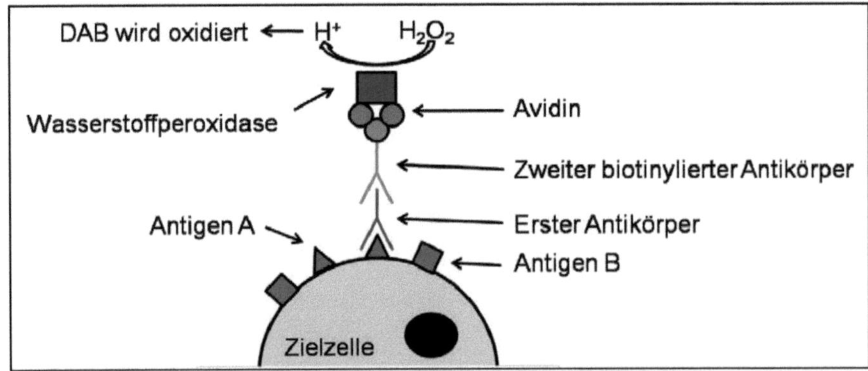

Abbildung 8: Schematische Darstellung des Prinzips der Immunhistochemie

Der erste Antikörper bindet spezifisch an das gesuchte Antigen. Der zweite biotinylierte Antikörper ist gegen den ersten Antikörper gerichtet. An das Biotin bindet der biotinylierte Avidin/Wasserstoffperoxidase-Komplex. Die Wasserstoffperoxidase setzt zugegebenes Wasserstoffperoxid um. Die freiwerdenden Protonen oxidieren das dazugegebene Diaminobenzidin (DAB), welches eine bräunliche Farbe annimmt.

Es wurden Hautbiopsien von sechs Sezary Syndrom-, sieben Mycosis fungoides-Patienten und vier nicht näher definierten CTCL-Fällen analysiert. Außerdem wurden sechs Biopsien von befallenen Lymphknoten im Rahmen eines Sezary Syndroms untersucht. Bei den Biopsien handelte es sich ausschließlich um archiviertes Material, welches im Rahmen der klinischen Routine in der Klinik und Poliklinik für Dermatologie und Allergologie am Biederstein gewonnen wurde. CCR4 und CCR7 wurden auf sechs Hautschnitten untersucht. Die Biopsien waren jeweils 4µm dünn geschnitten und auf handelsüblichen Objektträgern formalinfixiert und in Paraffin eingebettet.

Die Hautschnitte wurden zuerst deparaffinisiert. Hierfür wurden sie jeweils 10 Minuten in 100% Xylol und danach 10 min in 100% Ethanol getaucht. Die Schnitte wurden rehydriert, indem sie für jeweils wenige Sekunden in 96, 70 und 50% Ethanol in destilliertes Wasser gehalten wurden.

Eine etwaige endogene Peroxidaseaktivität wurde blockiert, indem die Schnitte 15 Minuten in 0,3% H_2O_2 in Methanol bei 22°C getaucht und danach mit Tris-Puffer, gespült wurden. Da durch Formalinfixierung und Paraffineinbettung Quervernetzungen zwischen verschiedenen Epitopen entstehen und dadurch die Immunreaktivität verloren geht, müssen die Antigene demaskiert werden, damit sie wieder durch spezifische Antikörper erkannt werden können. Hierzu wurden die Schnitte für 10 Minuten bei 1bar in einer auf Zitronensäure basierenden Lösung (*Unmasking Solution*, Vector, Burlingame, USA) autoklaviert, danach 40 Minuten abgekühlt und 15 Minuten mit PBS gespült.

Bestimmte Gewebetypen können eine endogene Biotinaktivität oder Biotin- oder Avidin bindende Proteine und deshalb eine hohe unspezifische Biotinbindung besitzen. Aus diesem Grund wurde die endogene Biotin/Avidinaktivität vor der Inkubation neutralisiert (*Blocking Kit,* Vector). Die Schnitte wurden zuerst 15 Minuten mit der Avidin-blockierenden Lösung und nach Spülen mit PBS mit der Biotin-blockierenden Lösung inkubiert.

Danach wurden die Schnitte eine Stunde lang mit dem Primärantikörper in der von dem Hersteller empfohlenen Konzentration inkubiert. Nach der Inkubation wurden die Schnitte mit PBS gespült.

Der biotinylierte Sekundärantikörper wurde ebenfalls in PBS in der vom Hersteller empfohlenen Konzentration gelöst. Die Schnitte wurden eine Stunde mit dem Sekundärantikörper inkubiert und danach mit PBS gespült. Zur Detektion des Antikörpers wurden die Schnitte mit der *Vectastain ABC-Reagenz* (Vector), welche den AB-Komplex beinhaltet, 30 Minuten inkubiert und danach 5 Minuten mit PBS gespült. Zur Färbung wurden die Schnitte in einer Lösung aus DAB und Wasserstoffperoxid in destilliertem Wasser (*DAB Substrate Kit,* Vector) gefärbt. Die Wasserstoffperoxidase setzt das hinzugegebene Wasserstoffperoxid um, die freiwerdenden Protonen oxidieren das DAB, in einem schwarzen Farbprodukt resultierend. Zur Gegenfärbung wurden die Schnitte mit Methylgrün gegengefärbt und in 100% Ethanol fixiert.

Die Schnitte wurden zusammen mit einem erfahrenen Facharzt für Pathologie (PD Dr. Huss) mit einem konfokalen Mikroskop untersucht. Zur Evaluation der CTCL-Schnitte wurden 100 mononukleäre Zellen pro Gesichtsfeld (x200) gezählt. Der Anteil an positiv gefärbten Zellen ist folgendermaßen bestimmt worden:

Positiv gefärbte Zellen	
0%	-
1-25%	+
26-50%	++
51-75%	+++
76-100%	++++

3.6. Klonierung und Isolierung eines GPI-verankerten CCL5-Antagonisten

Die folgenden Kapitel, Fusion von CCL5 mit einem GPI-Anker und Erzeugung der Mutationen (3.6.1., 3.6.2. und 3.6.3.), wurden von Herrn Jérôme Huppertz im Rahmen seiner Dissertation durchgeführt.

3.6.1. Fusion des GPI-Ankers mit dem CCL5-Molekül

Die GPI-Anker-Signalsequenz des Adhäsionsmolekül LFA-3 (Kirby et al., 1995) wurde mit Hilfe der Polymerase Ketten Reaktion (PCR) amplifiziert und in den pEF-dhfr Vektor kloniert. Über den Vorwärtsprimer wurde eine *Xba*I-Schnittstelle und über den Rückwärtsprimer eine SalI-Schnittstelle eingebaut.
Das für CCL5 kodierende DNA-Fragment ohne Stopkodon wurde mit Hilfe der PCR aus cDNA (Schall et al., 1988) amplifiziert. Sämtliche Primer-Sequenzen sind im Materialteil aufgeführt. Mit dem entsprechenden Vorwärtsprimer wurde das Startkodon für hCCL5 mit einer Modifikation um die EcoRI Restriktionsstelle und mit dem Anti-Vorwärtsprimer eine *Xba*I-Schnittstelle integriert.
Die GPI-Anker-Sequenz steuert neun zusätzliche Aminosäuren zu dem Carboxyl-Ende von CCL5 (SSRTTCIPS) bei. Die amplifizierte DNA wurde danach in den pEF-dhfr Vektor subkloniert und mit Elektroporation stabil in CHO/dhfr- transfiziert.

3.6.2. Erzeugung von Mutationen in CCL5

Die Modifikationen der CCL5 Sequenz beinhalten die Einführung eines Methionins am N-Terminus zwischen der Signalsequenz des reifen Proteins, ein Austausch der Glutaminsäure bei Position 66 für ein Alanin (E66A), welches eine Dimerisierung verursacht bzw. ein Austausch der Glutaminsäure an Position 26 gegen ein Alanin (E26A), welche eine Tetramerisierung verursacht (Czaplewski et al., 1999).
Die Mutationen wurden mit dem QuickChange Site-Directed Mutagenesis Kit (Stratagene, La Jolla, USA) nach dem Protokoll des Herstellers erstellt (Abbildung 9). Das Prinzip dieses Kits beruht auf der Verwendung von zwei Primern, welche bereits die gewünschte Mutation enthalten, für eine PCR von dem Vorlageplasmid. Das entstehende PCR-Produkt (mit der mutierten Sequenz) weist im Gegensatz zu dem

bakteriellen Vorlagevektor (mit der Ursprungssequenz) keine Methylierungen auf. Anschließend kann die Template-DNA durch das Restriktionsenzym Dpn I, welches spezifisch methylierte DNA schneidet, verdaut werden. Das nicht verdaute (weil nicht methylierte) PCR-Produkt, welches die Mutation enthält, wird anschließend durch Hitzeschock in Epicuran Coli XL1-Blue transfiziert und auf Ampicillin-Agar-Platten selektioniert.

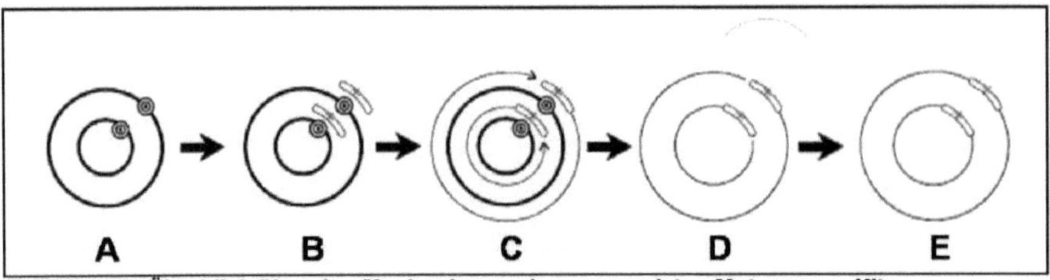

Abbildung 9: Überblick über den Mechanismus des verwendeten Mutagenese Kits.

A) Gene auf dem Plasmid mit Zielregion für Mutation, B) Cycling bei 95°C, das Plasmid wird denaturiert. Die mutagenen Primer werden der Zielregion angelagert. C) Mit der PfuTurbo DNA - Polymerase werden die mutagenen Primer erweitert und in unterbrochene (nicked strands) Stränge inkorporiert. D) Das methylierte, nicht mutierte Vorlageplasmid wird durch Dpn I verdaut. E) Die unterbrochenen Stränge werden in Epicuran coli XL1-Blue Superkompetente Zellen transformiert. Nach der Transformation reparieren die Epicuran XL1-Blue Superkompetente Zellen die Strangbrüche.
Entnommen aus der Anleitung des QuikChange® Site-Directed Mutagenesis Kit (Stratagene, La Jolla, USA).

Zur Planung geeigneter Mutationen wurden zunächst mit Hilfe des MatInspector Sequenzanalyse-Programms (Genomatix, Ann Arbor, USA) vermutliche Bindungsstellen identifiziert. Nach Entwerfen von möglichen Mutationen einzelner Basenpaare wurden diese standardmäßig mit dem MatInspector Programm überprüft. Nach Festlegen der zu mutierenden Basenpaare wurden Primer für die Mutagenese erstellt. Diese bestehen aus einer Sequenz von ungefähr 13 Basenpaaren aus dem Template und enthalten etwa in der Mitte die bereits mutierten Basenpaare. Die Synthese der Oligonukleotide wurde von LifeTechnologies ausgeführt. Alle Mutationen wurden in kommerziell erhältlichen pUC18-Plasmiden durchgeführt.

Es wurden zunächst die Ausgangslösungen angesetzt (Tabelle 8).

Probe
5µl 10x Reaktionspuffer
50ng dsDNA-Template
1,25µl (125ng) Oligonukleotid Primer #1
1,25µl (125ng) Oligonukleotid Primer #2
1µl dNTP-Mischung
mit H_20 auf 50µl auffüllen

Tabelle 8: Ausgangslösungen für die Mutation von CCL5

Zur Probe wurde jeweils 1µl *PfuTurbo* DNA-Polymerase hinzugegeben. Da die PCR in einem Thermocycler mit beheiztem Deckel stattfand, konnte auf die Überschichtung der Reaktion mit Mineralöl verzichtet werden (Tabelle 9).

Segment	Zyklen	Temperatur	Zeit
1	1	95°C	30 Sekunden
2	18	95°C 55°C 68°C	30 Sekunden 1 Minute 1 Minute pro kB Plasmidlänge, d.h. 2,5 Minuten

Tabelle 9: PCR-Reaktion für die Mutation von CCL5

Nun wurde das Template durch Zugabe von 1µl Dpn I eine Stunde bei 37°C verdaut. Da dieses Enzym spezifisch methylierte DNA schneidet, wird das PCR-Produkt, das nicht methyliert ist, nicht angegriffen. Die Template-DNA ist natürlicherweise methyliert und wird verdaut. Somit bleibt nur noch das spezifisch mutierte PCR-Produkt übrig.

1µl der Dpn I-behandelten DNA wurden durch einen 45sekündigen Hitzeschock mit 42°C in 50µl Epicuran Coli XL-1 Blue Superkompetente Zellen (im Kit mitgeliefert) transfiziert. Durch Zugabe von 0.5ml NZY Medium wurden Startkulturen angelegt, welche eine Stunde bei 37°C auf dem Schüttler inkubiert wurden. Anschließend wurde das gesamte Volumen auf LB-Agar-Platten mit 100µg/ml Ampicillin ausplattiert. Nach Übernachtinkubation im Brutschrank waren etwa 100 Kolonien ausgewachsen, von denen 6 einzelne ausgewählt und jeweils in 6ml LB-Medium angezüchtet wurden. Mit dem WizardPrep Kit (Stratagene) wurde die Plasmid-DNA nach Angaben des Herstellers aus diesen Kulturen unverdaut auf einem 0,6% Agarosegel analysiert. Drei besonders sauber aussehende Plasmidpräparationen wurden ausgewählt und durch die Firma Medigenomix sequenziert. Eine durch Sequenzierung als korrekt bestätigte Präparation wurde ausgewählt und in CHO/dhfr- transfiziert.

3.6.3. Transfektion

Das GPI-gekoppelte Chemokin-Analogon wurde mit der Elektroporationsmethode transfiziert. Am Vortag im Verhältnis 1:1,5 umgesetzte CHO-Zellen wurden von den Kulturflaschen abgelöst und in PBS aufgenommen. Es wurden ca. 5 x 10^6 Zellen verwendet. Das linearisierte Plasmid wurde in H_2O gelöst und mit den CHO-Zellen 10 Minuten auf Eis inkubiert. Die Elektroporation wurde in Küvetten mit ca. 4mm Elektrodenabstand in einem Gene Pulser bei Raumtemperatur, 960µF und 260V durchgeführt. Nach 10 Minuten Inkubation auf Eis wurden die Zellen mit 2ml CHO-Medium aus der Küvette gespült und danach in CHO-Medium mit HT-Supplement kultiviert.

Da nur Zellen, die durch Transfektion mit dem pUF-Vektor Dihydrofolatreduktase erhalten haben ohne Dihydrofolat proliferieren können, wurden nichttransfizierte CHO/dhfr- Zellen nach 24 Stunden durch einen Mediumwechsel mit einem Selektionsmedium, welches kein Dihydrofolat enthielt, selektiert

3.6.4. GPI-Anker Verdau mit Phospholipase-C

Zum Nachweis der GPI-Verankerung von Met-RANTES(Dimer)-GPI wurden transfizierte CHO-Zellen, welche das Protein stabil auf der Oberfläche exprimierten, mit 120ng/ml der Phosphatidylinositol-spezifischen Phospholipase C (PLC) (Sigma-Aldrich, Taufkirchen) in serumfreiem Medium für 60 Minuten bei 37°C und 5% CO2 in 24-well Platten inkubiert. Da die PLC die Proteindomäne vom GPI-Anker schneidet, ist nach PLC-Inkubation eine verringerte Oberflächenexpression von Met-RANTES(Dimer)-GPI und somit gelöstes Protein im Überstand zu erwarten. Die Oberflächenexpression des Proteins vor und nach Inkubation mit PLC ist mit der Durchflusszytometrie (siehe Kapitel 3.3.) analysiert worden.

3.7. Isolierung und Reinigung von Met-RANTES(Dimer)-GPI

3.7.1. Allgemeines

Die Säulenchromatographie ist eine etablierte Methode zur Reinigung von Proteinen. Die spezifische Struktur und Bindungseigenschaften von Proteinen werden ausgenutzt, um spezifische Proteine von anderen im Extrakt enthaltenen Proteinen zu trennen. Die Säulenchromatographie wurde mit einem *Fast Protein Liquid Chromatography* (FPLC) – System durchgeführt. Die FPLC ist mit einem Computer verbunden; mit Hilfe der *Unicorn 4.0*-Software wurden UV-Absorption, Salzkonzentration, Flussrate, Puffer etc. dargestellt und kontrolliert. Da Proteine UV-Licht bei 280nm Wellenlänge absorbieren, konnte der Proteingehalt durch Messung der UV-Absorption bestimmt werden. Die jeweiligen Logbücher sind aus Platzgründen nicht aufgeführt.

Um Kontamination durch Bakterien und Pilze zu vermeiden, wurden die Säulen in 20% Ethanol gelagert und vor jedem Reinigungsschritt mit Wasser gespült. Die Heparin-Sepharosesäule und die Kationenaustauschsäule wurden direkt nach der Verwendung mit dem jeweiligen Puffer regeneriert. Alle Säulen wurden vor der Aufbewahrung mit Wasser gespült, bis keine UV-Absorption und nur noch eine geringe Salzkonzentration gemessen wurden. Das zu reinigende Proteinextrakt wurde über einen Schlauch, der vorher mit dem jeweiligen Äquilibrierpuffer gespült wurde, auf die Säulen übertragen.

Um die endogene Aktivität von Proteasen zu minimieren, wurde die gesamte Reinigung von Met-RANTES (Dimer)-GPI bei einer konstanten Temperatur von 4°C durchgeführt.

3.7.2. Proteinisolierung

Da die dimerisierende Variante am einfachsten zu isolieren erschien, wurde mit der Met-RANTES(Dimer)-GPI-Variante weitergearbeitet. Für die Proteinisolierung wurden jeweils 36 X 10^6 transfizierte CHO-Zellen verwendet. Nach Ablösung mit EDTA (siehe 3.2.2) wurden die Zellen eine Stunde in einem hypertonen Lysepuffer rotiert. Die Zellmembranen wurden durch einstündige Rotation mit einem Extraktionspuffer extrahiert. Das im Extraktionspuffer enthaltene Detergenz Triton X-100-H beeinflusst die UV-Absorptionsmessung des Chromatographen nicht. Danach wurden die Zellreste für 20 Minuten bei 2750g abzentrifugiert. Zur weiteren Verwendung wurde der Überstand in eine Spritze aufgenommen, durch einen Filter mit Porengröße 0,22µm Zellreste abgetrennt und bis zur Chromatographie auf Eis gelagert. Es konnten ca. 10mg Ausgangsprotein aus 36 x 10^6 Zellen isoliert werden. Die Proteinmenge wurde mit der Nachweismethode nach Bradford bestimmt (siehe 3.8.1.).

3.7.3. Heparinaffinitäts-Chromatographie

Da CCL5 von allen Chemokinen die höchste, über die GAG-Bindungsstellen vermittelte, Heparin-Affinität besitzt, wurde eine Heparinaffinitäts-Chromatographie als initialer Reinigungsschritt gewählt. Hierfür wurde eine 50ml Heparin-Sepharose Fast Flow Säule (Amersham Biosciences, Uppsala, Schweden) verwendet, die mit 100mM NaCl-haltigen Puffer äquilibriert wurde.

Die verwendete Säulenfüllung Sepharose ist ein Agarose-Derivat in Form kleiner Kügelchen mit definierter Porengröße. Dieses Material eignet sich sehr gut für viele Chromatographiemethoden, da es nur sehr geringe unspezifische Interaktionen mit Proteinen eingeht. Sepharose besitzt ebenfalls eine hohe chemische Stabilität und kann sehr hohe oder sehr niedrige pH-Werte tolerieren sowie den Zusatz von Detergenzien oder Protein-denaturierenden Chemikalien wie Guanidinsalzsäure oder Harnstoff.

Die Heparinsäule wurde mit dem zehnfachen Säulenvolumen äquilibriert. Nach einem ersten Waschschritt (200mM NaCl) zur Entfernung ungebundener Proteine, wurde ein Elutionspuffer mit erheblich höherer Osmolarität (1200mN NaCl) aufgetragen. Durch die hohe Salzkonzentration kommt es zu einer Lösung der Affinitätsbindungen zwischen der Matrix und den gebundenen Molekülen.

Die einzelnen Fraktionen wurden mit einem CCL5-spezifischen Western Blot und mit Silberfärbung (siehe 3.8.3. und 3.8.4.) untersucht, die CCL-5 positiv getesteten Fraktionen daraufhin zusammengeführt.

3.7.4. Kationenaustausch-Chromatographie

Da CCL5 ein stark positiv geladenes Protein ist, wurde als zweiter Reinigungssschritt eine Kationaustausch-Chromatographie durchgeführt. Eine Ionen-Austauschsäule enthält eine nicht lösliche Matrix, an der geladene Gruppen kovalent gebunden werden. Diese geladenen Gruppen sind mit mobilen Gegen-Ionen assoziiert, die reversibel mit anderen Ionen derselben Ionen ausgetauscht werden, ohne dass die Matrix verändert wird. Die Ladung der Gegen-Ionen definiert den Namen der Säule. Es wurde eine SP Sepharose HP Säule (Amersham Biosciences) verwendet, die mit demselben Puffer wie die Heparinsäule äquilibriert wurde.

Da der Heparin-Elutionspuffer hyperosmolar war, wurde dieser vor der Kationenaustausch-Chromatographie mit zwei 5ml Umsalzungssäulen gegen Äquilibrierpuffer ausgetauscht. Die zuvor mit dem zweifachen Säulenvolumen äquilibrierten Umsalzungssäulen sind mit Sephadex gefüllt, einem auf dem Polysaccharid Dextran basierenden synthetischen Material in Kugelform. Die verzweigten organischen Ketten bilden ein dreidimensionales Netzwerk mit funktionalen Gruppen und eignen sich vor allem zur Reduktion der Salzkonzentration oder zum Austausch von Puffern.

Nach dem Auftragen des Proteins wurde die Salzkonzentration des Elutionspuffers, welcher die Bindung der Proteine an den Ionenaustauscher abschwächt, linear von 900mM auf 1200mM erhöht. Die einzelnen Fraktionen wurden ebenfalls mit Western Blot und Silberfärbung untersucht. Die Met-RANTES(Dimer)-GPI-Protein enthaltenden Fraktionen wurden ebenfalls zusammengeführt und aufgrund des großen Volumens 20fach mit einem Konzentrator (Millipore, Eschborn) mit einer Porengröße von 10.000 MWCO (*molecular weight cut-off*) 20 Minuten lang bei 9g ankonzentriert.

3.7.5. Gelfiltrationschromatographie

Mittels der Gelfiltrationschromatographie können Moleküle der Größe nach aufgetrennt werden. Hierbei dient eine Matrix aus porösen Kügelchen mit einer vorbestimmten Porengröße als stationäre Phase der Säule. Proteine die klein genug sind, um in die Poren der Kugeln einzudringen, verlassen langsamer die Säule, während große Moleküle, die nicht in die Poren passen, in der mobilen Phase bleiben und die Säule schneller passieren.

Da Proteine bei 280nm UV-Licht absorbieren, kann mittels Messung der UV-Absorption festgestellt werden, wieviel Protein sich in den Sammelröhrchen des Fraktionssammlers befindet. Das ankonzentrierte Protein der

Kationenaustauschsäule wurde mit einem Ladepuffer auf eine Gelfiltrationssäule mit auf Siliziumdioxid basierendem TSK-SW-Gel als stationäre Phase aufgetragen. Ein deutlicher Peak wurde bei einem Molekulargewicht von 22kDa identifiziert. Die entsprechenden Fraktionen wurden mit Western Blot und Silberfärbung untersucht, um zu bestimmen, ob und in welcher Reinheit CCL5-Derivate vorliegen.

Um die Konzentration des Detergenz Triton X-100 H zu vermindern, wurde der Puffer des Proteinextrakts in einer Umsalzungssäure gegen 1x PBS ausgetauscht.

3.8. Methoden zum Nachweis von Proteinen

3.8.1 Bestimmung der Proteinkonzentration nach Bradford

Mit der Bradford-Analyse wird der Proteingehalt einer Lösung ermittelt. Hierfür wird eine Standardkurve mit verschiedenen Verdünnungen von BSA und verschiedenen Verdünnungsstufen der Met-RANTES-Lösung erstellt. Nach Zugabe von 50µl Bio-Rad-Reagenz zu je 200µl Proteinverdünnung wurde die Absorption bei 620nm in einem ELISA-Gerät photometrisch bestimmt. Durch den Vergleich der Absorption mit der Standardkurve von BSA wurde die Proteinkonzentration von Met-RANTES (Dimer)-GPI errechnet.

3.8.2. Auftrennung des Proteingemischs mit SDS-Page

Die Met-RANTES(Dimer)-GPI-Protein enthaltenen Fraktionen sind nach den einzelnen Chromatographieschritten mit Silberfärbung und Western Blot untersucht worden. Die Grundlage beider Methode ist die Auftrennung des Proteingemischs nach der Molekülgröße in Gelen mit der SDS-Page (*Sodium Dodecylsulfate polyacrylamide gel electrophoresis*).

Jeweils 20µl der gesammelten Fraktionen wurden mit 2µl Antiproteasegemisch und 20µl Ladepuffer gemischt und 15 Minuten lang bei 50°C schonend denaturiert. Es wurden jeweils 15µl Probe und 2 µl Größenstandard auf ein Gel aufgetragen. Die Proteine wurden mit einem Gradienten von 4-20% elektrophoretisch aufgetrennt. Die Elektrophorese wurde 60 Minuten lang bei einer Spannung von 120V durchgeführt.

Danach wurden die Gele aus den Kassetten entnommen und entweder eine Silberfärbung oder ein Western Blot durchgeführt.

3.8.3. Silberfärbung

Mit der Silberfärbung ist es möglich, Proteine ab einer Konzentration von 0,2-0,6 ng auf einem Polyacrylamidgel mit Hilfe von Silberionen permanent anzufärben. Zu diesem Zweck ist das SDS-Gel nach der Elektrophorese nach einem Standardprotokoll angefärbt worden.

Das Gel wurde für 30 Minuten in der Fixierlösung geschüttelt und danach über Nacht in der Inkubationslösung belassen. Das Gel wurde am nächsten Morgen dreimal 30 Minuten mit deionisiertem Wasser gewaschen und für 30 Minuten in der Silberlösung inkubiert. Nach zweimaligem Waschen mit Wasser wurde das Gel in der Entwicklerlösung inkubiert, bis Banden deutlich sichtbar wurden. Die Reaktion wurde durch Zugabe von EDTA-Stopp-Lösung gestoppt.

3.8.4. Western Blot

Mit dem Western Blot können mittels SDS-PAGE aufgetrennte Proteine mit spezifischen Antikörpern gefärbt werden. Das Protein wurde nach der SDS-PAGE auf eine Nitrozellulosemembran übertragen. Zu diesem Zweck wurden SDS-Gel, Nitrozellulosemembran und in Transferpuffer getauchte Schwämmchen nach dem Protokoll von Burnette (Burnette, 1981) in einer Kassette zusammengelegt. Die Proteine wurden bei einer Spannung von 20V in einer Stunde auf die Membran übertragen (*Blotting*).
Nach dem *Blotting* wurden die Nitrozellulosemembran mit dem *Anti Mouse WesternBreeze™ Chemiluminescent Detection Kit –Anti-Mouse* (Invitrogen) gefärbt. Die Membran wurde zunächst 30 Minuten mit einer Blockierlösung inkubiert. Nach zweimaligem Waschen mit Wasser wurde die Membran eine Stunde mit dem gelösten Primärantikörper inkubiert. Als erster Antikörper wurde der CCL5-spezifische VL3-Antikörper verwendet (von Luettichau et al., 1996). Nach viermaligem Waschen mit der *Antibody Wash*-Lösung wurde die Membran 30 Minuten mit dem Sekundärantikörper inkubiert. Nach dreimaligem Waschen wurde die Membran auf eine transparente Folie gelegt und 2,5ml Chemilumineszenz-Substrat-Lösung auf die Membran aufgetragen. Die Membran wurde mit einer zweiten transparenten Folie bedeckt und im abgedunkelten Entwicklerraum zusammen mit unbelichteten Filmen in eine Entwicklerkassette gelegt. Die Entwicklungszeit wurde jeweils zwischen einer und zehn Minuten variiert und das beste Ergebnis verwendet.

3.9. Reinkorporationsversuche

3.9.1. Reinkorporation von Met-RANTES(Dimer)-GPI

Um die Reinkorporation des GPI-verankerten Proteins in humanen Endothelzellen nachzuweisen, wurden HuMVECs mit 150, 300, 450 und 700 ng/ml Met-RANTES(Dimer)-GPI in 96-Well-Mikrotiter-Platten bei 37°C und 5% CO2 für 30 Minuten inkubiert. Die Zellen wurden dreimal mit PBS gewaschen und mit der Durchflusszytometrie (siehe 3.3.) mit dem CCL5-spezifischen Antikörper VL3 auf Oberflächenexpression von CCL5 untersucht.

3.9.2. ELISA zur Feststellung der Reinkorporationseffektivität

Der CCL5-spezifische ELISA ist nach dem Protokoll des Herstellers RnD-Systems (Minneapolis, MN, USA) durchgeführt worden. In jedes Well der Mikrotiterplatte wurden je 100µl des *Assay Diluents* und 100µl der Probe hinzugegeben und für zwei Stunden bei Raumtemperatur inkubiert. Nach der Inkubation wurde jedes Well dreimal mit jeweils 300µl Waschpuffer gewaschen. Nach Zugabe von jeweils 200µl RANTES-Konjugat wurde die Platte abgedeckt und für eine Stunde bei Raumtemperatur im Dunkeln inkubiert. Die Reaktion wurde mit 50µl Stopp-Lösung beendet. Die Absorption wurde bei 540nm gemessen und die Konzentration des Proteins anhand einer Eichkurve, die mit dem mitgelieferten Referenzprotein erstellt wurde, berechnet.

Die Effizienz der Reinkorporation von Met-RANTES(Dimer)-GPI wurde durch zwei verschiedene Ansätze bestimmt. Endothelzellen wurden mit 700ng/ml Met-RANTES(Dimer)-GPI für 30 Minuten in 96-Well-Mikrotiter-Platten inkubiert und danach mit PBS gewaschen. Die Proteinmenge in diesem Überstand wurde mittels ELISA bestimmt. Als Alternativmethode wurden die Endothelzellen 30 Minuten lang mit PLC inkubiert. Die Proteinmenge in dem PLC-haltigen Überstand ist mit dem RANTES-spezifischen ELISA bestimmt worden.

3.10. Migrationsversuch

Für die Quantifizierung der Migration entlang eines Chemokingradienten wurde der Migrationsversuch in einem modifizierten 96-Well-Boyden-Kammer-System mit lichtundurchlässiger Membran und einer Porengröße von 8-μm durchgeführt (Abbildung 10). 180μl Medium mit RPMI 1640, 0,1% BSA und 10mM HEPES und zunehmende Chemokinkonzentrationen wurden in Tripletts in die unteren Wells gegeben. Die Versuchszellen wurden zuvor in den Kulturflaschen 10 Minuten mit 5ml Kalzein (10μg/ml) markiert, mit EDTA abgelöst, einmal bei 220g 3 Minuten abzentrifugiert, mit PBS gewaschen, erneut bei 220g 3 Minuten abzentrifugiert und in Versuchsmedium in einer Konzentration von 1 x 10^6 Zellen/ml aufgenommen. 50μl der Zellsuspension wurden in die oberen Kammern des Transwells gegeben. Als Nullkontrolle wurden Ansätze ohne Chemokine durchgeführt.

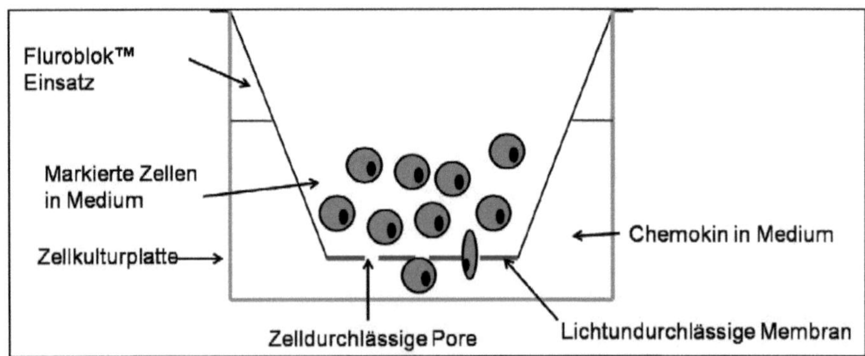

Abbildung 10: Schematische Darstellung des Migrationsversuchs

Der Boden der Fluoroblok™- Einsätze besteht aus einer lichtundurchlässigen Membran. Durchlässige Poren erlauben die Transmigration der Versuchszellen, die kurz zuvor mit fluoreszierendem Kalzein markiert wurden. Die Fluoreszenz im unteren Kompartment ist proportional zur Anzahl der transmigrierten Zellen.

Die transendotheliale Migration zum Nachweis des inhibitorischen Effekts von Met-RANTES(Dimer)-GPI wurde ebenfalls in einem modifizierten Boyden-Kammer-System mit lichtundurchlässiger Membran mit einer Porengröße von 3μm durchgeführt. Humane endotheliale Zellen (HuMVECs) wurden in den Transwell-Einsätzen bis zur Konfluenz kultiviert. Die Hälfte der Einsätze wurde vor dem Versuch mit Met-RANTES(Dimer)-GPI in einer Konzentration von 100ng/ml 30

Minuten lang bei Raumtemperatur inkubiert und danach zweimal mit Versuchsmedium gewaschen. Eine Kulturflasche mit monozytären THP-1 Zellen wurde 10 Minuten lang mit 5ml 10µg/ml Kalzein inkubiert und danach in einer Konzentration von 2 x 10^6 Zellen/ml in Versuchsmedium (RPMI 1640, 0,1% BSA und 10mM HEPES Puffer) resuspendiert. 100µl der Zellsuspension sind in die Transwelleinsätze pipettiert worden. In die untere Kammer der Boyden-Kammer wurden jeweils als Triplett 600µl des Chemokins CCL5 0, 50 und 100ng/ml gefüllt.

Die Platten wurden 3h lang bei 37°C inkubiert und die Zunahme der Fluoreszenz in der unteren Kammer bei einer Emission von 535nm und Exzitation von 485nm in einem ELISA-Gerät gemessen. Der Migrationsindex wurde aus dem Verhältnis der gemessenen Fluoreszenz mit und ohne Chemokin berechnet.

4. Ergebnisse

4.2. Chemokinrezeptorexpression kutaner T-Zell Lymphome

Die Ergebnisse dieses Kapitels wurden zu einem Teil von Notohamiprodjo et al. (Notohamiprodjo et al., 2005) im *International Journal of Cancer* veröffentlicht.

4.2.1. HUT-78 exprimiert CCR7, CCR10, CXCR3 und CXCR5

Der Nachweis der potentiell exprimierten Chemokinrezeptoren CCR7, CCR10, CXCR3 und CXCR5 der Sezary Syndrom Zelllinie HUT-78 wurde auf mRNA-Ebene mit der real time RT-PCR durchgeführt. Die Rezeptoren CXCR3 und CCR7 werden auf mRNA-Ebene am stärksten exprimiert (Abbildung 11).

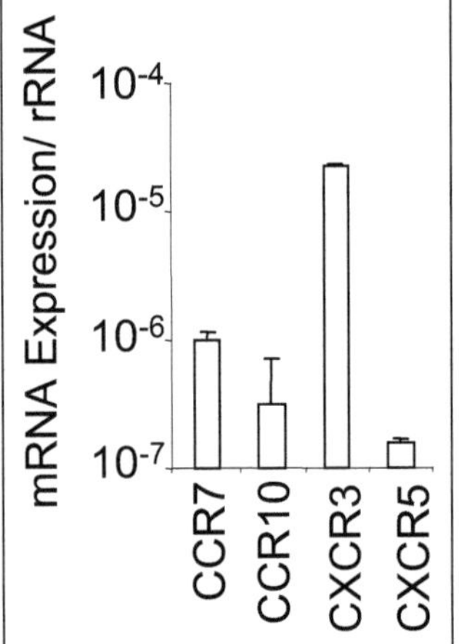

Abbildung 11: CCR7, CCR10, CXCR3 und CXCR5 werden auf mRNA-Ebene exprimiert

Die Expression der Chemokinrezeptoren CCR7, CCR10, CXCR3 und CXCR5 konnte auf mRNA Ebene nachgewiesen werden. Jeder Balken repräsentiert die durchschnittliche mRNA Expression des jeweiligen Rezeptors normalisiert gegen rRNA (Notohamiprodjo et al., 2005).

Die Oberflächenexpression der Rezeptoren CCR7, CCR10, CXCR3 und CXCR5 konnte durch die Durchflusszytometrie bestätigt werden (Abbildung 12).

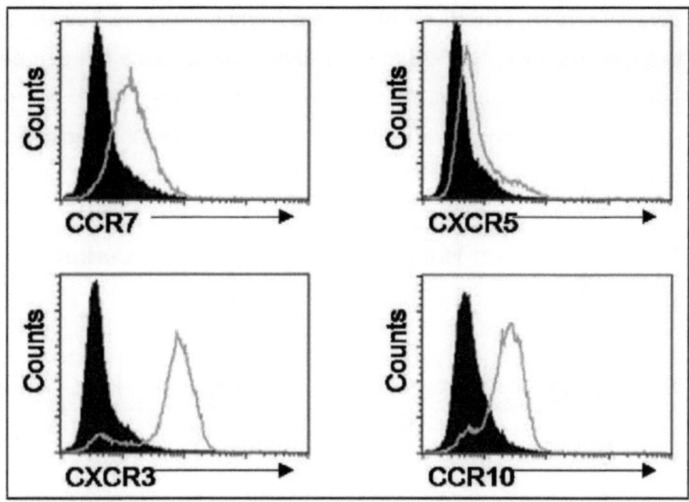

Abbildung 12: CCR7, CCR10, CXCR3 und CXCR5 werden auf der Oberfläche von HUT-78 exprimiert

Die Chemokinrezeptoren CCR7, CCR10, CXCR3 und CXCR5 konnten in der Durchflusszytometrie erfolgreich auf HUT-78 nachgewiesen werden. Schwarzes Histogramm: Isotyp; graues Histogramm: spezifischer Antikörper; x-Achse: gemessene Fluoreszenz; y-Achse: gezählte Zellen (Notohamiprodjo et al., 2005)

Weiterhin konnte die Expression der Oberflächenmoleküle LFA-1 und L-Selektin, welche zusammen mit dem Chemokinrezeptor CCR7 die Migration von Lymphozyten in lymphatisches Gewebe regulieren (Ohl et al., 2003), nachgewiesen werden (Abbildung 13).

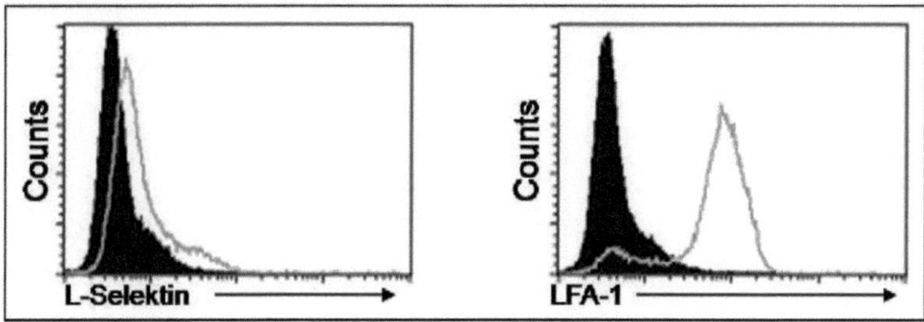

Abbildung 13: Die Adhäsionsmoleküle L-Selektin und LFA-1 sind auf HUT-78 exprimiert

Die Oberflächenmoleküle L-Selektin und LFA-1 vermitteln zusammen mit dem Chemokinrezeptor CCR7 den Eintritt von Lymphozyten in lymphatisches Gewebe und wurden auf der Oberfläche von HUT-78 mit der Durchflusszytometrie nachgewiesen.

Um nachzuweisen, dass CCR10 ein exklusives Merkmal kutaner T-Zellen ist, wurde die CCR10-Expression von HUT-78 in der Durchflusszytometrie mit den peripheren T-Zell-Leukämie-Zelllinien (Jurkat, MOLT4 und SUP-T1) verglichen. Auf diesen T-Zelllinien wurde im Gegensatz zu HUT-78 keine CCR10-Oberflächenexpression nachgewiesen (Abbildung 14).

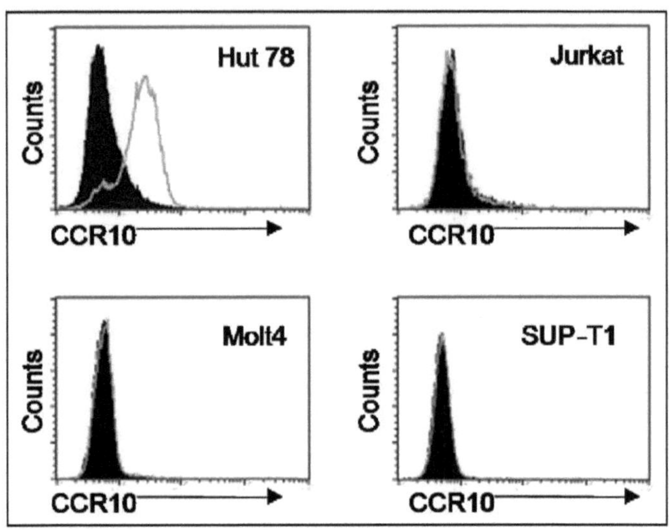

Abbildung 14: CCR10 ist ein exklusiv auf kutanen T-Zell-Lymphom-Zellen exprimierter Rezeptor

Im Gegensatz zu der CTCL-Zelllinie HUT-78 exprimieren die peripheren Lymphom-Zelllinien Jurkat, MOLT4 und SUP-T1 kein CCR10 auf der Zelloberfläche (Notohamiprodjo et al., 2005).

4.2.2. CCR7, CCR10, CXCR3 und CXCR5 induzieren Chemotaxis

Mit dem Migrationsversuch misst man die Fähigkeit von Zellen, selektiv in Richtung definierter Stimuli, z.B. Chemokine zu wandern. Die Liganden der zuvor nachgewiesenen Chemokinrezeptoren CCR7, CCR10, CXCR3 und CXCR5 - CCL21, CCL27, CXCL10 und CXCL13 induzierten eine dosisabhängige Chemotaxis mit einer für Chemokine typische Abnahme der Migration bei höheren Dosen (Abbildung 15).

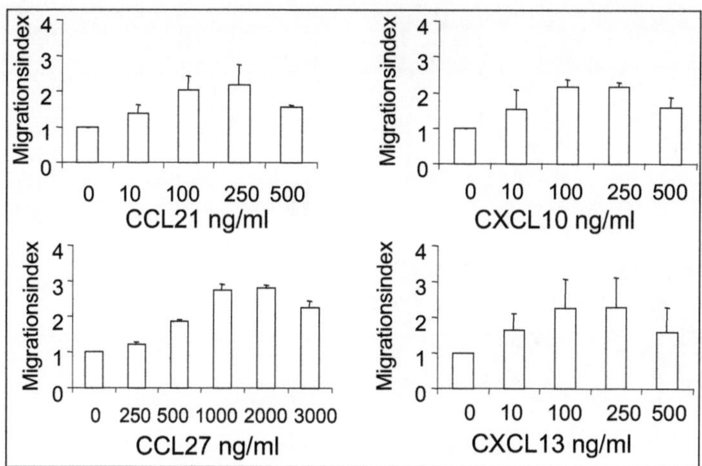

Abbildung 15: CCR7, CCR10, CXCR3 und CXCR5 werden auf HUT-78 funktionell exprimiert

Die Funktionalität der Rezeptoren CCR7, CCR10, CXCR3 und CXCR5 auf der CTCL-Zelllinie HUT-78 wurde mit Migrationsversuchen mit dem jeweiligen Liganden (CCL21, CCL27, CXCL10 und CXCL13) nachgewiesen (Notohamiprodjo et al., 2005). x-Achse: Konzentration Chemokin in ng/ml; y-Achse: Migrationsindex

4.2.3. Immunhistochemischer Nachweis von Chemokinrezeptoren

Zum immunhistologischen Nachweis der *in vitro* nachgewiesenen Chemokinrezeptoren in klinisch diagnostizierten CTCL wurden archivierte, seriell geschnittene paraffinfixierte Hautbiopsien von fünf Patienten Sezary Syndrom, sieben mit Mycosis fungoides und vier mit nicht näher definierten CTCL-Fällen untersucht. Außerdem wurden sechs Lymphknotenbiopsien untersucht.

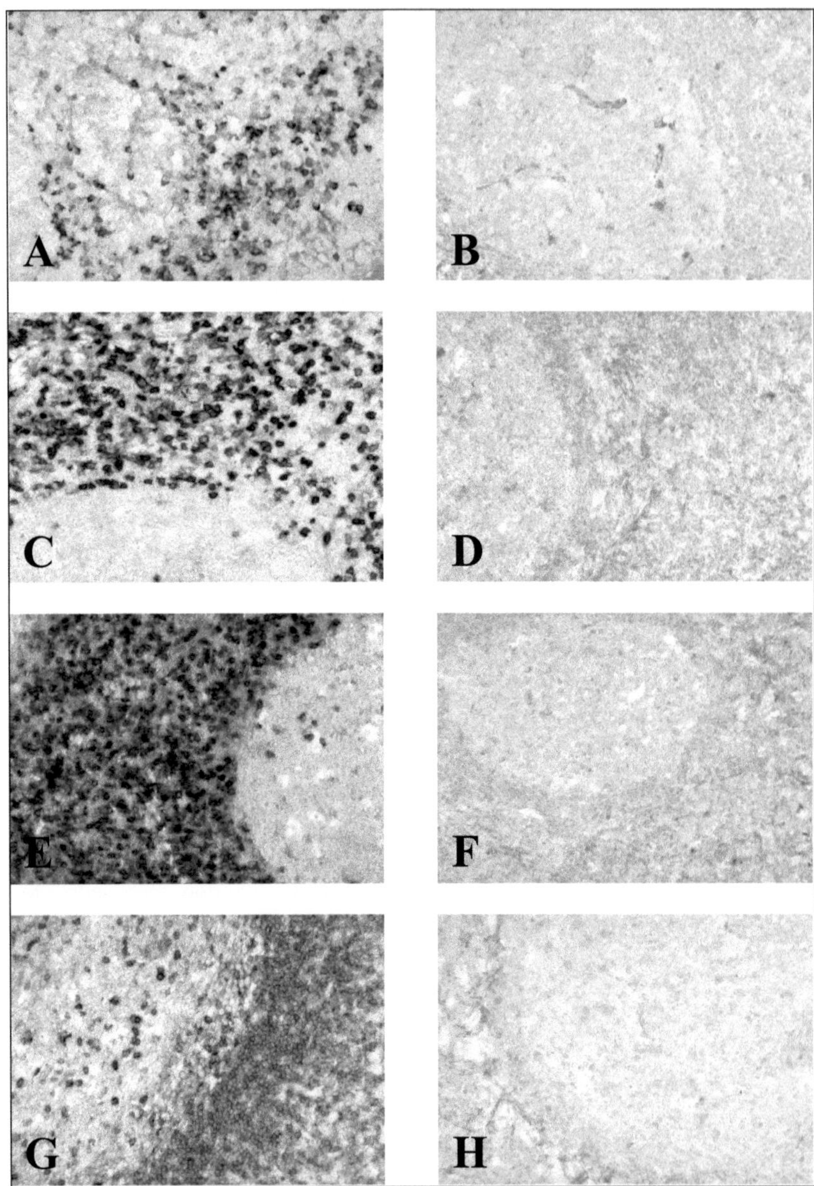

Abbildung 16: Isotypen und Kontrollfärbungen der verwendeten Antikörper

Immunhistochemie von CCR10 (*a*), CCR5 (*c*), CXCR3 (*e*), CXCR5 (*g*) und der korrespondierenden Isotypen Maus IgG2a (*b*), Maus IgG2a (*d*), Maus IgG1 (*f*) und Ratte IgG 2b (*h*) auf paraffinfixerten Schnitten einer menschlichen Tonsille. In den Kontrollen ist keine positive schwarze Färbung nachzuweisen (Notohamiprodjo et al., 2005).

Die Expression der Chemokinrezeptoren CCR4, CCR7, CCR10, CXCR3 und CXCR5 wurde analysiert (Abbildung 16 und Tabelle 10). Die Schnitte wurden zur Identifizierung von Tumorzellen zusätzlich mit CD3, CD68, Giemsa und HE gefärbt (Abbildung 17). In den Mycosis fungoides-Schnitten zeigte sich eine dermale und epidermale Infiltration durch zahlreiche CD3+-Zellen, die den Tumorzellen entsprachen. In den Sezary Syndrom-Schnitten war eine dermale und epidermale Invasion durch typische Tumorzellen, mit lappigen zerebriformen Zellkernen und durch zahlreiche kleinere CD3+ Zellen nachzuweisen.

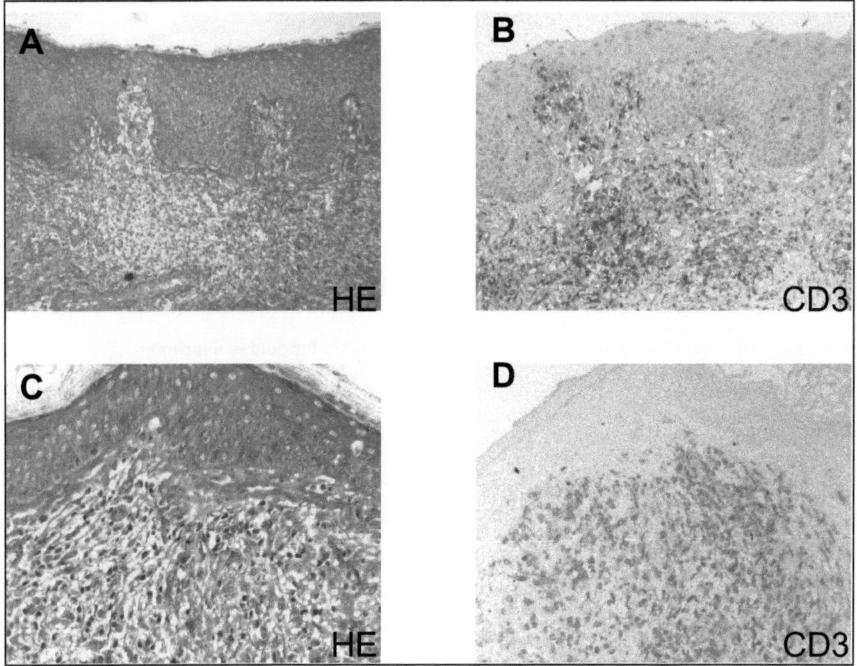

Abbildung 17: HE und CD3-Färbung von Sezary Syndrom- bzw. Mycosis fungoides-Schnitten

Sowohl im Sezary Syndrom- (A, B) als auch im Mycosis fungoides-Schnitt (C, D) wurde eine diffuse dermale und epidermale Infiltration durch CD3+ Zellen nachgewiesen. Vergrößerungsfaktor: 100x, modifiziert nach Notohamiprodjo et al., 2005

Der Chemokinrezeptor CCR10 war in allen Sezary Syndrom Fällen exprimiert und wurde auf 50-100% der infiltrierenden Zellen nachgewiesen (Abbildung 18).

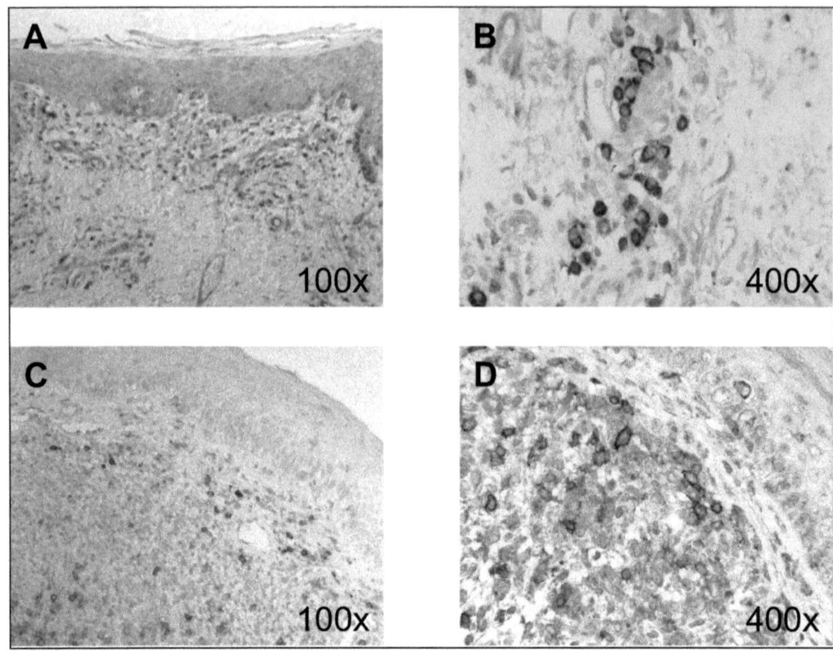

Abbildung 18: CCR10 wird in Sezary Syndrom und Mycosis fungoides exprimiert

Im Sezary Syndrom (A, B) wurden zum einen typische Sezary-Zellen, große Zellen mit unregelmäßigen Kernen, zum anderen zahlreiche kleinere Lymphozyten nachgewiesen. Beide Zelltypen sind je nach Präparat bis zu 75% CCR10-positiv. Auf Biopsien von Mycosis fungoides-Patienten (C, D) wurde vor allem eine Infiltration durch kleinere Lymphozyten nachgewiesen, maximal 50% der Zellen waren CCR10-positiv. Modifiziert nach Notohamiprodjo et al. 2005.

Auf Mycosis fungoides Schnitten wurde eine umschriebenere Invasion von Lymphozyten mit kleineren und weniger gefalteten Nuklei im Vergleich zu Sezary Syndrom Schnitten nachgewiesen. Die CCR10-Expression in Mycosis fungoides und den unspezifizierten CTCL war z.T. geringer als im Sezary Syndrom. Die Anzahl der CCR10 exprimierenden Zellen variierte zwischen 1-75% in MF und 15-75% in den unspezifizierten CTCL Schnitten. Entsprechend früheren Studien (Lu et al., 2001) konnte in allen Mycosis fungoides-Fällen eine starke CXCR3-Expression gefunden werden, auch in unspezifizierten CTCL-Fällen zeigten sich 1-50% positive Zellen. Im Sezary Syndrom konnte in allen Fällen CXCR3 auf 25-75% der infiltrierenden Zellen nachgewiesen werden (Abbildung 19). CXCR5 konnte in der Haut nicht nachgewiesen werden.

Diagnose	Stadium	CCR10	CXCR3	CCR4	CCR7
MF	I	+++	++	X	X
MF	I	++	+++	X	X
MF	I	+	X	++++	-
MF	I	+	X	++++	-
MF	I	+	X	+	+
MF	II	+++	+++	X	X
MF	II	+++	X	++++	+
CTCL	I	+++	++	X	X
CTCL	I	++	++	X	X
CTCL	II	+	+	X	X
CTCL	III	+	+	X	X
SS	IVa	++++	+++	X	X
SS	IVa	++++	+++	X	X
SS	IVa	+++	X	++++	++
SS	IVa	++++	X	++++	+
SS	IVb	++++	+++	x	X

Tabelle 10: Immunhistochemischer Nachweis von Chemokinrezeptoren in Hautbiopsien von CTCL-Patienten

CCR10 konnte auf allen untersuchten Biopsien nachgewiesen werden, wobei die stärkste Expression beim SS vorlag. CCR4 konnte auf allen untersuchten Hautschnitten nachgewiesen werden.

CXCR3 konnte auf allen untersuchten Biopsien nachgewiesen werden, eine Expression im SS wurde zuvor noch nicht beschrieben. CCR7 wurde in einer kleineren Kohorte untersucht und ist unterschiedlich ausgeprägt. MF = Mycosis fungoides; CTCL = unspezifiziertes CTCL; SS = Sezary Syndrom; x = nicht untersucht; - = kein Nachweis; + = 1-25% der mononukleären Zellen in einem Gesichtsfeld (400x) positiv; ++ = 26-50% positiv; +++ = 50 – 75% positiv, ++++ = 75-100% positiv.

Modifiziert nach Notohamiprodjo et al. 2005.

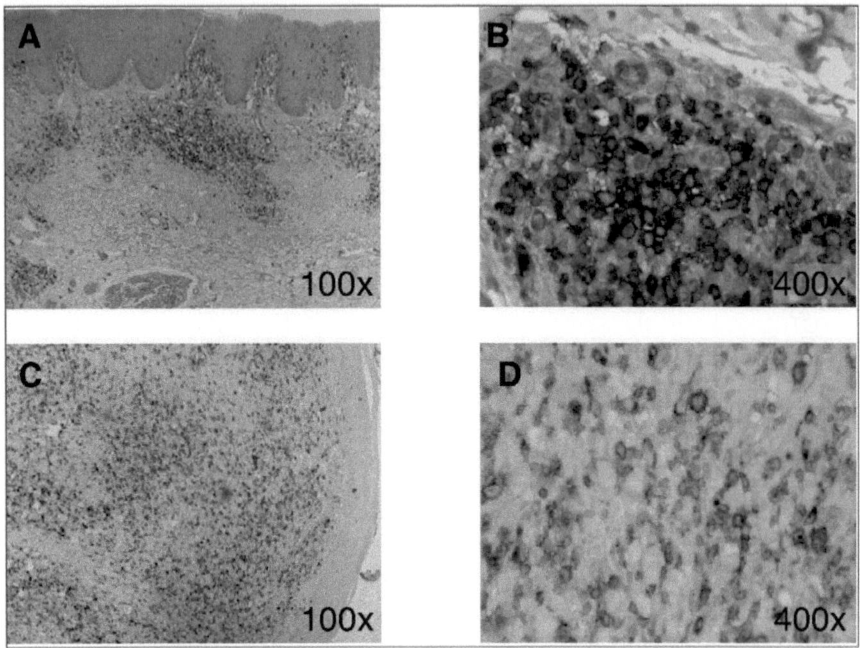

Abbildung 19: CXCR3 wird in Sezary Syndrom und Mycosis fungoides exprimiert

Die Expression von CXCR3 konnte in allen SS-Fällen auf bis zu 75% der Zellen nachgewiesen werden (A, B). Die Expression von CXCR3 war bisher nur im Rahmen der Mycosis fungoides bekannt (C, D) (Notohamiprodjo et al., 2005).

Eine CCR4-Expression konnte auf allen untersuchten (6/16) Schnitten ebenfalls demonstriert werden. 75% der infiltrierenden Zellen waren CCR4-positiv (Abbildung 20).

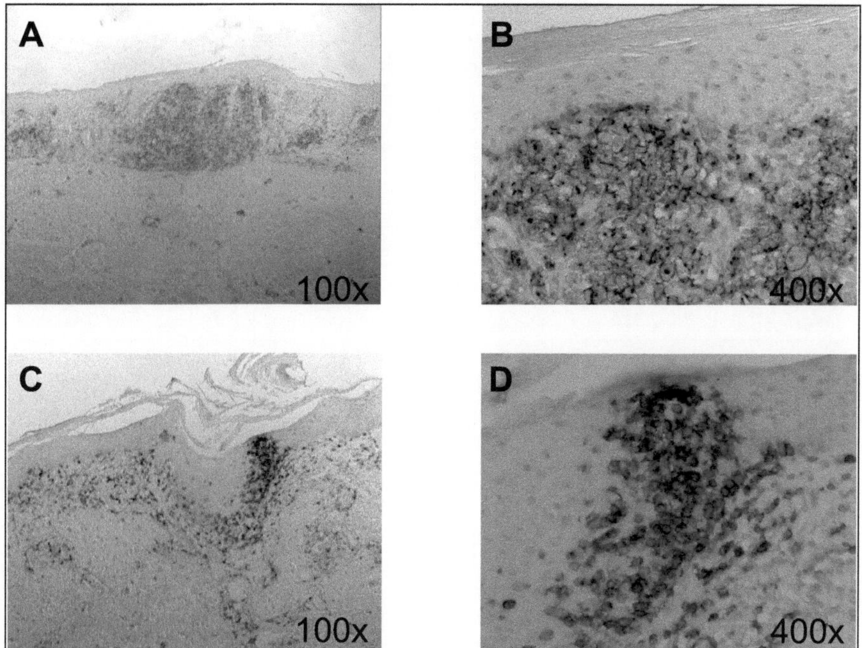

Abbildung 20: CCR4 wird in Sezary Syndrom und Mycosis fungoides exprimiert

CCR4 wurde auf allen untersuchten Sezary Syndrom- (A, B) und Mycosis fungoides- (C, D) Schnitten nachgewiesen.

CCR7 konnte auf allen untersuchten Hautschnitten (6/16) von Sezary Syndrom-Patienten in geringem Ausmaß auf subkutanen Sezary-Zellen nachgewiesen werden, während sich bei Mycosis fungoides-Schnitten keine CCR7-Expression zeigte (Abbildung 21).

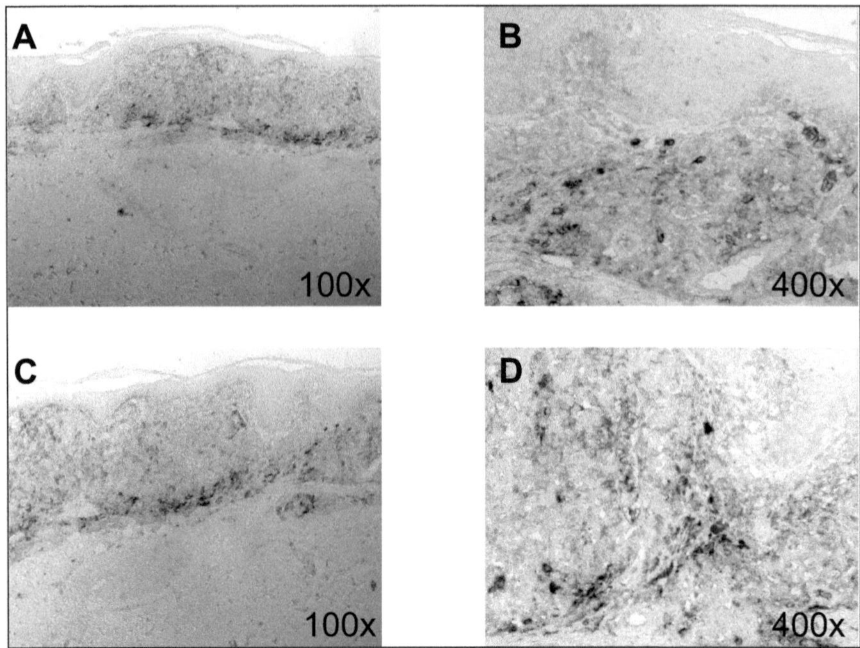

Abbildung 21: CCR7 wird in Sezary Syndrom und Mycosis fungoides in der Haut nur gering exprimiert

CCR7 konnte nur vereinzelt und nur in der Dermis nahe der Basalmembran in Sezary Syndrom- (A, B) und Mycosis fungoides- Schnitten (C, D) nachgewiesen werden.

Weiterhin wurden sechs Lymphknotenbiopsien von Sezary Syndrom-Patienten untersucht (Abbildung 22 und Tabelle 11). Histologisch setzen sich Lymphknoten aus einer Kapsel, dem subkapsulären Sinus, dem Cortex, in dem sich die Lymphfollikel und vor allem B-Lymphozyten befinden, dem von T-Lymphozyten dominierten Paracortex und der Medulla zusammen. Die Primärlymphe tritt über die Vasa lymphatici afferentes in die Lymphknoten ein und verlässt als Sekundärlymphe den Lymphknoten durch die Vasa lymphatici efferentia, welche dem Hilus entspringen. Es zeigt sich eine diffuse, sowohl intrasinusoidale und intrafollikuläre Infiltration des gesamten Lymphknotens. CCR10 wurde allerdings nur von Zellen im subkapsulären Lymphknotensinus exprimiert. Die intrafollikulären Zellen exprimierten kein CCR10, im Paracortex der Lymphknoten fanden sich nur sporadisch CCR10-positive Zellen.

Diagnose	CCR10	CCR4	CCR7	CXCR5
SS	+++*	++++	++	-
SS	++*	++++	+	-
SS	++*	++++	++	-
SS	+++*	++++	+	-
SS	+++*	++++	++	-
SS	++*	x	x	-

Tabelle 11: Immunhistochemischer Chemokinrezeptornachweis in Lymphknoten

CCR10 konnte in allen Lymphknotenbiopsien nachgewiesen werden, allerdings nur in den Lymphsinus und nur vereinzelt im Lymphknotenparenchym selbst. CCR4 und CCR7 wurde diffus im gesamten Lymphknoten exprimiert. CXCR5 wurde, der physiologischen Expression entsprechend, nur in Lymphfollikeln nachgewiesen.
* = Expression nur im Sinus; SS = Sezary Syndrom; x = nicht untersucht; - = kein Nachweis; + = 1-33% der mononukleären Zellen in einem Gesichtsfeld (400x) positiv; ++ = 34-66% positiv; +++ = 67 – 100% positiv

CCR4 und CCR7 wurde von den Tumorzellen in allen Lymphknotenkompartimenten, also in den Sinus, dem Cortex und dem Paracortex, exprimiert. Wie zu erwarten war in allen Lymphfollikeln eine physiologische CXCR5-Expression durch die Lymphozyten (Legler et al., 1998) nachzuweisen, die Tumorzellen waren zum größten Teil CXCR5 negativ, eine CXCR5 Expression einzelner Tumorzellen kann jedoch nicht vollständig ausgeschlossen werden. Außerhalb der Follikel konnte kein CXCR5 nachgewiesen werden, auch nicht in den Paracortices oder in den Lymphsinus.

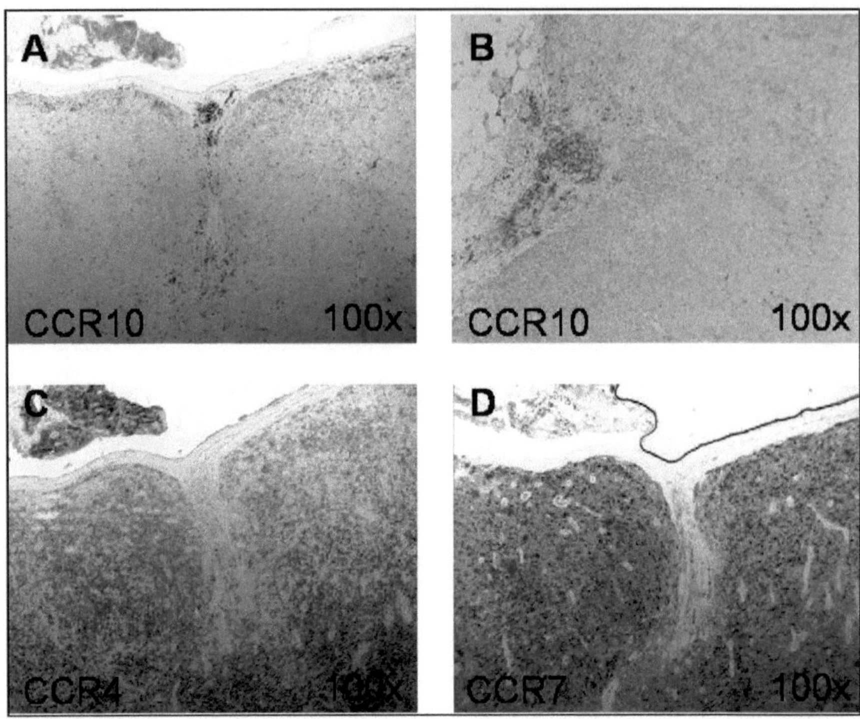

Abbildung 22: CCR10, CCR4 und CCR7 weisen im Sezary Syndrom unterschiedliche nodale Expressionmuster auf

Während CCR10 (A, B) nahezu exklusiv im Lymphknotensinus exprimiert wurde, sind im Lymphknoten nur vereinzelte CCR10 positive Zellen nachzuweisen. CCR4 (C) und CCR7 (D) wurden diffus im gesamten Lymphknoten exprimiert. Schnitte A, C und D stammen von einem Patienten. A und B aus Notohamiprodjo et al. 2005.

4.1. Gezielte Beeinflussung der chemokinvermittelten Zellrekrutierung

Die Ergebnisse dieses Kapitels wurden in der Fachzeitschrift *Protein Engineering Development and Selection* (Notohamiprodjo et al., 2006) veröffentlicht.

4.1.1. Konstruktion von Met-RANTES(Dimer)-GPI

Der CCL5-Inhibitor Met-RANTES reduziert in zahlreichen Studien die bei der Transplantabstoßung auftretende Entzündungsreaktion erheblich (Grone et al., 1999; Bedke et al., 2002; Song et al., 2002), muss allerdings aufgrund der geringen Membranbindung systemisch appliziert werden. Auch für andere Anwendungen, z.B. bei der Verwendung in Tumormodellen, ist es wünschenswert, die lokale Konzentration zu erhöhen, die Wirkung zu fokussieren und etwaige systemische Nebenwirkungen zu vermindern. Daher war es Ziel der Arbeit, einen membrangebundenen Inhibitor zu entwickeln (Abbildung 23). Zu diesem Zweck wurde das Met-RANTES-Protein mit einem GPI-Anker fusioniert.
Die Vorarbeiten wurden im Rahmen einer anderen Dissertation begonnen und werden hier nochmal zusammenfassend dargestellt.
Humanes CCL5 wurde aus hCCL5-cDNA (Schall et al., 1988) mit Hilfe von hCCL5 spezifischen Primern und PCR geklont. Die CCL5 cDNA-Sequenz (ohne Translations-Stop-Kodon) wurde mit der cDNA der GPI-Signalsequenz des Adhäsionsmoleküls LFA-3 am C-Terminus fusioniert. Diese Modifikationen wurden dann in das CCL5-GPI-Konstrukt eingeführt. Ein Methioninrest wurde am N-terminalen Ende nach der Signalsequenz des reifen Proteins eingefügt, um einen funktionellen Antagonisten zu erhalten.
Natives CCL5 neigt dazu, große Polymere zu bilden, welche schwer in der Handhabung und klinischen Anwendung sind. Daher wurde das Met-RANTES-GPI-Protein mutiert. Ein Austausch eines Glutamins durch ein Alanin an Position 26 (E26A) mutiertes Protein bildet Tetramere, während eine Mutation an Position 66 (E66A) die Bildung von Dimeren verursacht. Vor allem mit letzteren sollte eine effektive Isolierung und Handhabung erreicht werden.
Die entstandenen Konstrukte wurden im pEF-dhfr Vektor subkloniert und stabil in CHO/DHFR- -Zellen transfiziert.

```
      EcoRI
        |
    CGGCGGAATTCATGAAGGTCTCCGCGGCAGCCCTCGCTGTCATCCTCATTGCTACTGCCC
  1 ---------+---------+-------- +---------+---------+---------+ 60
    GCCGCCTTAAGTACTTCCAGAGGCGCCGTCGGGAGCGACAGTAGGAGTAACGATGACGGG     Signal-
                     M  K  V  S  A  A  R  L  A  V  I  L  I  A  T  A  sequenz

    TCTGCGCTCCTGCATCTGCCATGTCCCCATATTCCTCGGACACCACACCCTGCTGCTTTGCCT
 61 ---------+---------+---------+---------+---------+---------+--- 123 Met
    AGACGCGAGGACGTAGACGGTACAGGGGTATAAGGAGCCTGTGGTGTGGGACGACGAAACGGA
    L  C  A  P  A  S  A  M  S  P  Y  S  S  D  T  T  P  C  C  F  A

    ACATTGCCCGCCCACTGCCCCGTGCCCACATCAAGGCGTATTTCTACACCAGTGGCAAGT
124 ---------+---------+---------+---------+---------+---------+     183 Mut1
    TGTAACGGGCGGGTGACGGGGCACGGGTGTAGTTCCGCATAAAGATGTGGTCACCGTTCA
    Y  I  A  R  PL  P  R  A  H  I  K  A  Y  F  Y  T  S  G  K

    GCTCCAACCCAGCAGTCGTCTTTGTCACCCGAAAGAACCGCCAAGTGTGTGCCAACCCAG
184 ---------+---------+---------+---------+---------+---------+     243
    CGAGGTTGGGTCGTCAGCAGAAACAGTGGGCTTTCTTGGCGGTTCACACACGGTTGGGTC
    C S  N  P  A  V  V  F  V  T  R  K  N  R  Q  V  C  A  N  P

                                                 XbaI
                                                   |
    AGAAGAAATGGGTTCGGGAGTACATCAACTCTTTGGCGATGAGCTCTAGAACAACCTGTA
244 ---------+---------+---------+---------+---------+---------+     303 Mut2
    TCTTCTTTACCCAAGCCCTCATGTAGTTGAGAAACCGCTACTCGAGATCTTGTTGGACAT
    E  K  K  W  V  R  E  Y  I  N  S  L  A  M  S  S  R  T  T  C

    TCCCAAGCAGCGGTCATTCAAGACACAGATATGCACTTATACCCATACCATTAGCAGTAA
304 ---------+---------+---------+---------+---------+---------+     363
    AGGGTTCGTCGCCAGTAAGTTCTGTGTCTATACGTGAATATGGGTATGGTAATCGTCATT
    I  P  S  S  G  H  S  R  H  R  Y  A  L  I  P  I  P  L  A  V

                                              SalI
                                                |
    TTACAACATGTATTGTGCTGTATATGAATGTATTATGAGTCGACGTC
364 ---------+---------+---------+---------+-------                  407  GPI
    AATGTTGTACATAACACGACATATACTTACATAATACTCAGCTGCAG
    I  T  T  C  I  V  L  Y  M  N  V  L  *
```

Abbildung 23: Schema des generierten CCL5-Antagonisten

Die folgenden Modifikationen wurden am hCCL5-Protein vorgenommen um das GPI-verankerte Met-RANTES(Dimer)-Protein zu erhalten:

Aminosäurenaustausch an Position 26 (Mut1) (Alanin für Glutaminsäure), welcher eine Tetramerbildung bewirkt oder an Position 66 (Mut2) (Alanin für Glutaminsäure), welches eine Dimerisierung bewirkt. Der N-Terminus wurde um einen Methioninrest (Met) erweitert. Die GPI-Anker-Signalsequenz von LFA-3 (GPI) wurde am 5´-Ende der CCL5-cDNA fusioniert. Die Restriktionsstellen für die Endonukleasen XbaI, EcoRI und SalI sind angegeben (Notohamiprodjo et al., 2006).

4.1.2. Met-RANTES(Dimer)-GPI wird von CHO/dhfr- exprimiert

Eine Expression auf Transkriptionsebene bedeutet nicht zwangsläufig eine Oberflächenexpression des kodierten Proteins, da posttranskriptionelle Mechanismen die tatsächliche Expression regulieren und eine intrazelluläre

Speicherung erfolgen kann (Kollet et al., 2002; Gasser et al., 2006). Mit der Durchflusszytometrie wurde die tatsächliche Oberflächenexpression von humanen CCL5 auf den CHO-Zellen überprüft, es konnte eine stabile Expression von CCL5-GPI, Met-RANTES-GPI, Met-RANTES(E26A)-GPI und Met-RANTES(E66A)-GPI demonstriert werden (Abbildung 24).

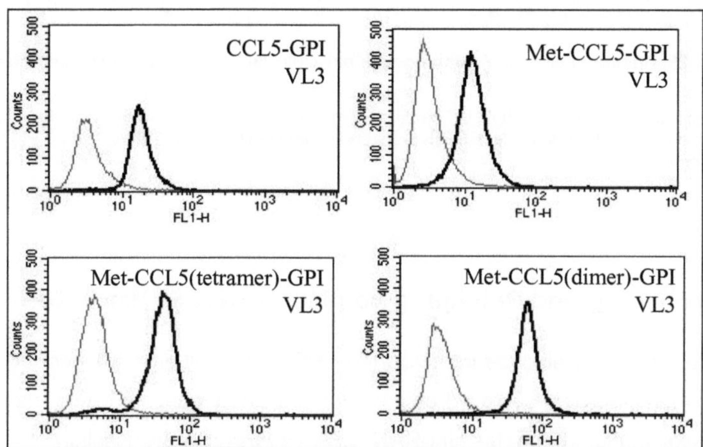

Abbildung 24: Oberflächenexpression der verschiedenen CCL5-Mutationen auf der Zelllinie CHO/dhfr-

Mit dem CCL5-Antikörper VL3 konnte sowohl CCL5-GPI, oligomeres Met-RANTES-GPI, tetrameres Met-RANTES-GPI und dimeres Met-RANTES-GPI auf der Oberfläche von CHO/dhfr- Zellen nachgewiesen werden (Notohamiprodjo et al., 2006).

Physiologischerweise ist CCL5 unter anderem über die GAG-Bindungsstellen an die Membranoberfläche gebunden. Auch bei dem generierten Antagonisten besteht die Möglichkeit, dass dieser nicht über den GPI-Anker, sondern anderweitig in die Membran integriert wurde.

GPI-verankerte Proteine werden physiologischerweise durch die zirkulierende Phospholipase C durchtrennt. Die Oberflächenexpression von Met-RANTES(Dimer)-GPI auf CHO/dhfr- Zellen wurde vor und nach Inkubation mit Phospholipase C mit der Durchflusszytometrie gemessen, um die Membranbindung durch den GPI-Anker zu demonstrieren. Es konnte ein Verlust des Oberflächensignals korrelierend mit der PLC-Verdauung nachgewiesen werden (Abbildung 25).

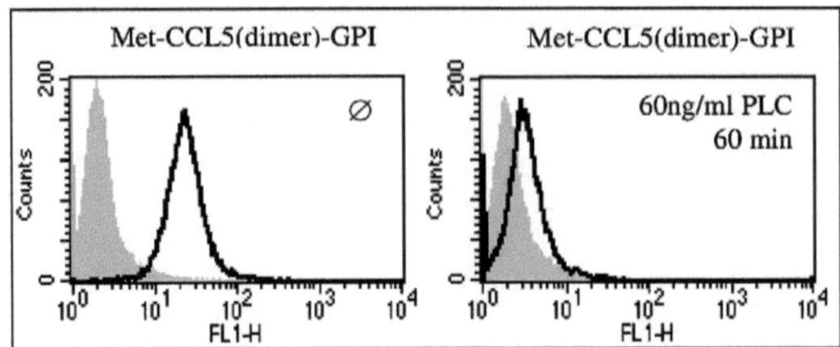

Abbildung 25: Phospholipase-C Verdau des auf der Oberfläche von CHO/dhfr- exprimierten Proteins

Nach Inkubation mit 60ng/ml PLC ist deutlich weniger Met-RANTES-Protein auf der Oberfläche nachzuweisen, der Großteil der GPI-verankerten Moleküle wurde durch die PLC gelöst. (Notohamiprodjo et al., 2006).

4.1.3. Isolierung und Reinigung von Met-RANTES(Dimer)-GPI

Zur Proteinisolierung sind die transfizierten CHO-Zellen mit einem hypertonen Puffer lysiert worden. Aus dem Lysat wurde mit Hilfe eines detergenzhaltigem (Triton X-100 H) Extraktionspuffer 10 mg des Met-RANTES-GPI Fusionsprotein isoliert.

Heparin-Sepharose-Chromatographie

Als erster Reinigungsschritt zur Isolierung von reinem Met-RANTES(Dimer)-GPI wurde eine Heparin-Sepharose-Chromatographie mit einer 17ml-Heparinsäule durchgeführt. Met-RANTES besitzt aufgrund der GAG-Bindungsstellen eine sehr hohe Affinität zu Heparin, daher ist zu erwarten, dass der Inhibitor an die stabile Phase der Säule bindet.

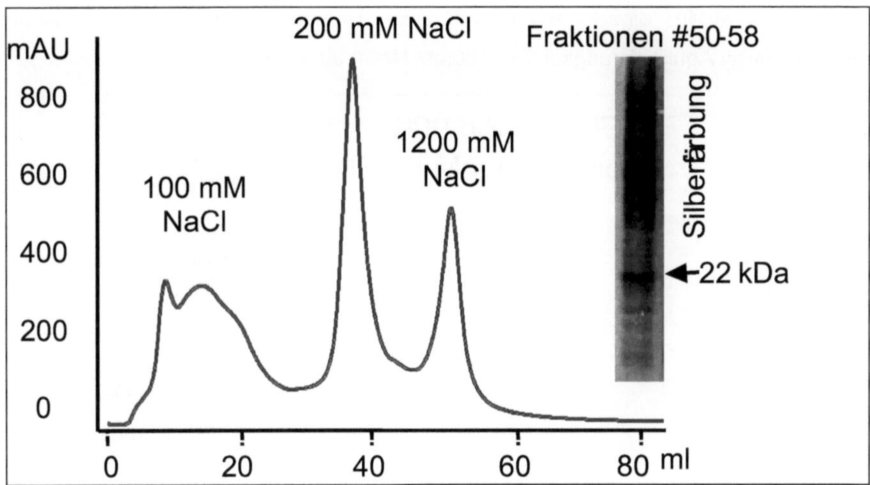

Abbildung 26: Chromatogramm der Heparin-Sepharose-Chromatographie

Das Chromatogramm wurde mit der *Unicorn 4.0* Software erstellt. Dargestellt ist die gemessene UV-Absorption (in milli-absorption units, mAU) der gesammelten Fraktionen. Es wurden zwei Waschdurchläufe mit 100mM und 200mM NaCl durchgeführt, um Zelldedritus zu entfernen. Bei der Elution mit 1200 mM wurde ein Peak in den Fraktionen 50-58 festgestellt worden. Diese Fraktionen sind zusammengeführt und mit der Silberfärbung analysiert worden, bei 22 kDa zeigte sich eine deutliche Bande, dem Molekulargewicht des gesuchten Proteins entsprechend. x-Achse: Volumen Elutionspuffer in ml; y-Achse: gemessene Absorption in mAU (Notohamiprodjo et al., 2006)

Nach zwei Waschdurchläufen mit jeweils 100mM und 200mM NaCl, die durchgeführt wurden um Zelldetritus zu entfernen, zeigte sich bei der Elution mit 1200mM NaCl ein deutlicher Peak in den Fraktionen 50-58. Die Silberfärbung der zusammengeführten Fraktionen zeigte, dass dieser Peak Moleküle mit einer Größe von 22kDa, dem gesuchten Protein entsprechend, enthielt. Allerdings waren noch zahlreiche weitere Banden in der Silberfärbung sichtbar, gleichbedeutend mit zahlreichen ebenfalls eluierten Proteinen anderen Molekulargewichtes, also einer noch nicht zufriedenstellenden Reinheit (Abbildung 26).

Kationenaustauschchromatographie

Die GAG-Bindungsstellen des CCL5-Inhibitors sind stark positiv geladen. Sie besitzen daher eine starke Affinität gegenüber der stationären Phase einer Kationenaustauschsäule bzw. eine geringe Affinität gegenüber der stationären Phase einer Anionenaustauschsäule. Da der hochmolare Elutionspuffer der Heparinaffinitätschromatographie eine Bindung an die stationäre Phase der Säule erschwert, wurde dieser zuvor mit zwei Umsalzungssäulen gegen einen niedermolaren Äquilibrierungspuffer (100mM NaCl) ausgetauscht.

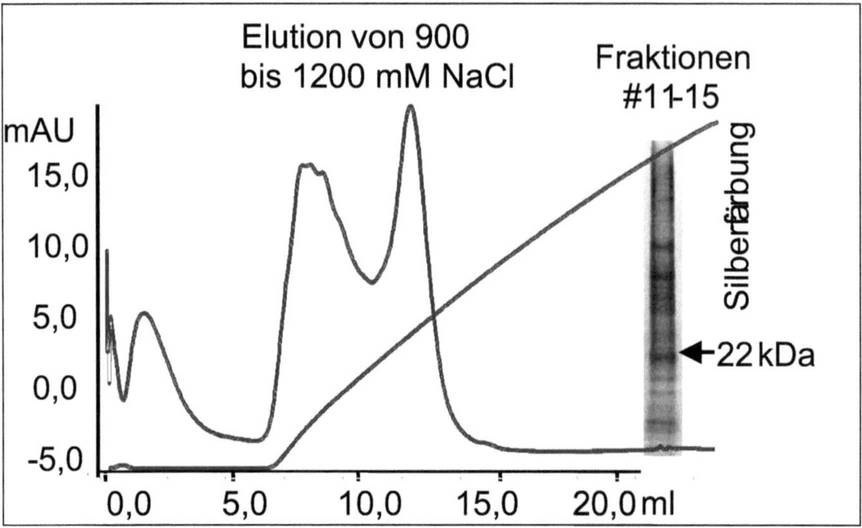

Abbildung 27: Chromatogramm der Kationenaustauschchromatographie

Das Protein wurde mit einem Salzgradienten von 900 bis 1200 mM NaCl eluiert. In den Fraktionen 11-15 konnte in der Silberfärbung ein Signal bei 22kDa identifiziert werden. Die restlichen Fraktionen wurden verworfen. (Notohamiprodjo et al., 2006)

Die Isolierung mit einer Anionenaustauschsäule erbrachte keine effektive Reinigung. In der Kationenaustauschchromatographie hingegen konnte das Protein mit einem Salzgradienten von 900 bis 1200 mM NaCl eluiert werden.

In den Fraktionen 11-15 konnte mit Hilfe der Silberfärbung eine, dem gesuchten Protein entsprechende Bande bei 22 kDA detektiert werden (Abbildung 27).

Gelfiltrationschromatographie

In den silbergefärbten Acrylgelen waren weiterhin noch zahlreiche Banden anderen Molekulargewichts sichtbar. Als letzter Reinigungssschritt wurde daher eine Größen-Ausschluss-Chromatographie mit einer auf Silica basierenden TSK-G3000SWXL Gelfiltrationssäule (TOSOH Corporation, Tokyo, Japan) durchgeführt.

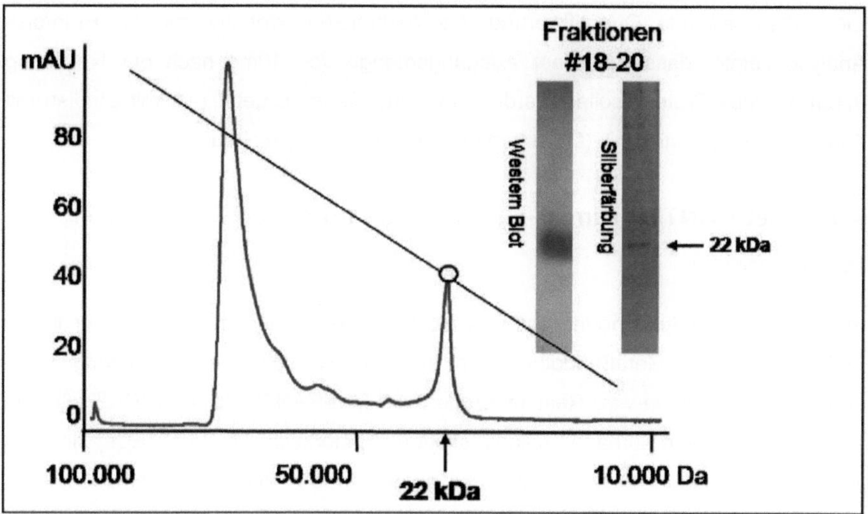

Abbildung 28: Chromatogramm der Gelfiltration

Bei der Gelfiltration mit einer TSK-Säule konnte bei einer Molekülgröße von 22 kDa, den Fraktionen 18-20 entsprechend, ein sauberer Peak identifiziert werden. In der Silberfärbung der Fraktionen 18-20 zeigte sich ein sauberes Signal bei 22kDa. Auch im Western Blot dieser Fraktionen konnte ein reines Signal erzielt werden, was darauf schließen lässt, dass das isolierte Protein vor allem als Dimer vorliegt, da der CCL5-spezifische Antikörper kein CCL5 anderen Molekulargewichts nachweisen konnte (z.B. Tetramere oder Oligomere). (Notohamiprodjo et al., 2006)

In einer Gelfiltrationssäule binden Moleküle entsprechend ihrer Größe an die Poren des Säulenmaterials. Große Proteine, welche nur schwer in die Poren passen, verlassen die Säule zuerst, während kleine Proteine länger gebunden bleiben.

Die zuvor isolierten Fraktionen 11-15 wurden zusammengeführt und auf die TSK-Säule aufgetragen. Die UV-Analyse zeigte neben einem Peak bei einer Größe von ca. 80kDA, der einer Verunreinigung durch andere Proteine entsprach, einen kleineren, relativ steilen Peak bei 22kDa. Diese Fraktionen (18-20) wurden zusammengeführt mit einem Western Blot mit einem CCL5-spezischen Antikörper und mit der Silberfärbung untersucht. Bei 22kDa zeigte sich eine reine Bande, dem Molekulargewicht von Met-RANTES(Dimer)-GPI entsprechend. Im Western Blot stellten sich keine weiteren Banden dar, es lagen also keine Tetramere oder Oligomere vor (Abbildung 28).

Als letzter Schritt wurde zur Reduktion der Konzentration des verwendeten Detergenz Triton X-100-H, ein Pufferwechsel mit Hilfe einer Umsalzungssäule durchgeführt und das Protein in reinem PBS verdünnt. Das reine Protein wurde bei 4°C bis zur weiteren Verwendung gelagert.

Eine abschließende Quantifizierung des gereinigten Proteins mit der Bradford-Analyse zeigte, dass aus einer Ausgangsmenge von 10mg nach der Reinigung 0,12mg reines Protein isoliert werden konnten. Dieses Ergebnis ist mit Studien mit ähnlicher Isolationstechnik (Djafarzadeh et al., 2004) vergleichbar.

4.1.4. Met-RANTES(Dimer)-GPI wird von humanen Endothelzellen reinkorporiert

In der klinischen Anwendung soll das isolierte Protein über den GPI-Anker in die Zellmembran von Gefäßendothelzellen integriert werden. Dieser Vorgang sollte zunächst durch die *in vitro* Reinkorporation von Met-RANTES(Dimer)-GPI Protein in Zellmembranen von humanen mikrovaskulären Endothelzellen (HuMVECs) simuliert werden. Die Endothelzellen wurden mit ansteigenden Konzentrationen (150, 300, 450 und 700ng/ml) des Proteins inkubiert. In der Durchflusszytometrie zeigte sich eine steigende Oberflächenexpression des Proteins korrelierend zu der Proteinkonzentration. Die höchste Oberflächenexpression wurde bei einer Konzentration von 700ng/ml Protein bestimmt (Abbildung 29).

Die Effektivität der Reinkorporation wurde wie im Methodenteil beschrieben mit einem CCL5-spezifischen ELISA bestimmt. Im ersten Ansatz wurde die Menge an nicht inkorporiertem Protein im Überstand gemessen. Es konnten 48% des applizierten Inhibitors, also nicht reinkorporiertem Protein, nachgewiesen werden. Die Reinkorporationseffektivität betrug daher 52%.

Im zweiten Ansatz wurden das reinkorporierte Protein durch die Phospholipase C verdaut und von der Oberfläche gelöst. Die Menge an gelöstem Protein wurde mit dem CCL5-spezifischen ELISA bestimmt. Die Reinkorporationseffektivität betrug mit dieser Messtechnik 25%, vergleichbar mit ähnlichen Studien (Djafarzadeh et al., 2004).

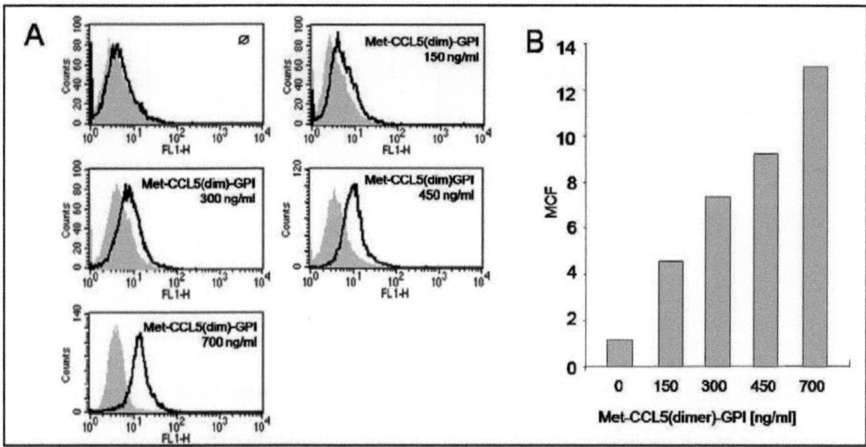

Abbildung 29: Met-RANTES(Dimer)-GPI-Protein wird membranständig in humane Endothelzellen reinkorporiert.

(**A**) Mit dem Inhibitor inkubierte HuMVEC-Zellen inkorporierten dieses effektiv in die Zellmembran. In der Durchflusszytometrie konnte eine dosisabhängige Inkorporationsrate beobachtet werden. (**B**) Die durchschnittliche Fluoreszenz wurde gegen die Konzentration des Proteins aufgetragen. Es ist eine eindeutig dosisabhängige Inkorporationsrate erkennbar (Notohamiprodjo et al., 2006). x-Achse: Konzentration Met-RANTES(dimer)-GPI in ng/ml; y-Achse: gemessene durchschnittliche Fluoreszenz in Bezug auf Fluoreszenz des Isotypen

4.1.5. Met-RANTES(Dimer)-GPI hemmt die transendotheliale Migration von Monozyten

Mit dem transendothelialen Migrationsversuch in einer modifizierten Boydenkammer kann die Extravasation von Leukozyten simuliert und die effektive Hemmung der transendothelialen Migration durch den generierten Inhibitor demonstriert werden. Dabei wurden humane mikrovaskuläre Endothelzellen als Monolayer auf Transwell-Einsätzen kultiviert, um das physiologische Gefäßendothel zu imitieren. Die mononukleäre Zelllinie THP-1 migrierte effektiv entlang eines CCL5-Gradienten. Wurden die humanen Endothelzellen allerdings zuvor mit Met-RANTES(Dimer)-GPI inkubiert, konnte eine erhebliche Inhibition der THP-1 Migration festgestellt werden. Dies entsprach dem erwünschten Effekt auf die Extravasation von Leukozyten (Abbildung 30).

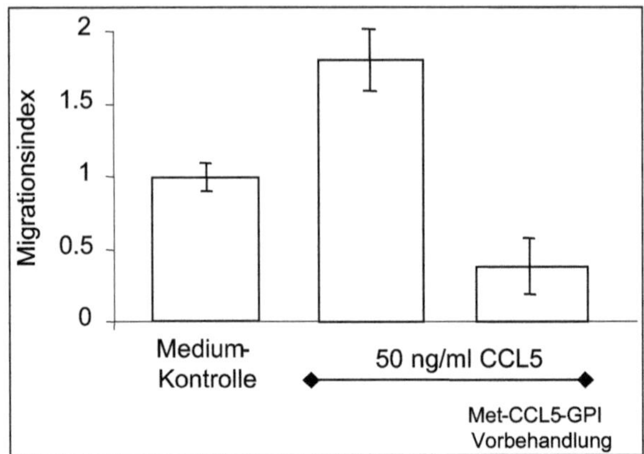

Abbildung 30: Met-RANTES(Dimer)-GPI hemmt die transendotheliale Migration

Eine Vorinkubation der HuMVEC-Zellen mit dem CCL5-Antagonisten inhibierte effektiv die transendotheliale Migration der Monozytenzelllinie THP-1. Die Hintergrundmigration der Zellen wurde ebenfalls inhibiert (Notohamiprodjo et al., 2006). x-Achse: Konzentration CCL5 in ng/ml; y-Achse: Migrationsindex

5. Diskussion

Chemokinrezeptorexpression kutaner T-Zell Lymphome

Chemokine gehören zu der Familie der Zytokine, interagieren eng mit Selektinen und Integrinen und orchestrieren die selektive Rekrutierung von Leukozyten (Murphy et al., 2000; Nelson et al., 2001; Bacon et al., 2002). Ähnliche Mechanismen steuern die Migration von Stammzellen, Tumorstammzellen und Tumorzellen (Luettichau et al., 2005; Notohamiprodjo et al., 2005). Die Wirkung der Chemokine wird über Chemokinrezeptoren vermittelt. Die Rezeptorexpression unterscheidet sich zwischen den jeweiligen Leukozytensubpopulationen und Tumorzellen (Bacon et al., 2002).

Das kutane T-Zell Lymphom (CTCL) stellt eine heterogene Gruppe von Non-Hodgkin-Lymphomen dar, am häufigsten treten die Mycosis fungoides und das systemische Sezary Syndrom auf. Gemeinsam ist den CTCL die Proliferation maligner T-Zell-Klone und ein starker Epidermotropismus, der die primäre Infiltration der Haut bedingt. In bisherigen Studien ist die Expression der Chemokinrezeptoren CCR3, CCR4, CCR7, CXCR3 und CXCR4 in verschiedenen Unterformen nachgewiesen worden (Kallinich et al., 2003; Kleinhans et al., 2003; Shimauchi et al., 2006).

In dieser Arbeit werden die Berichte über eine potentielle Involvierung von CXCR3 in der Mycosis fungoides bestätigt (Lu et al., 2001) und auf das Sezary Syndrom erweitert. CXCR3 wurde in allen untersuchten Biopsien auf einem Großteil der hautinfiltrierenden Zellen nachgewiesen. CXCR3 ist zusammen mit CCR5 vor allem auf der TH_1 Untergruppe ausgeprägt und vermittelt die Rekrutierung und die Effektoraktivität der T-Lymphozyten bei entzündlichen Ereignissen (Nelson et al., 1998). Der CXCR3-Ligand CXCL10 wird von basalen Keratinozyten der Haut sezerniert und wird mit dem Epidermotropismus von malignen T-Zellen bei Mycosis fungoides in Verbindung gebracht und ist auf epidermotropischen und follikulozentrischen Tumorzellen nachzuweisen (Lu et al., 2001).

Der Chemokinrezeptor CCR4 konnte erwartungsgemäß auf allen untersuchten Biopsien, unabhängig von dem Stadium der Erkrankung, in hoher Konzentration auf den Tumorzellen nachgewiesen werden. Die Ergebnisse stehen in Übereinstimmung mit bisherigen Untersuchungen (Ferenczi et al., 2002; Kakinuma et al., 2003; Shimauchi et al., 2006). In der Literatur wurde in von CTCL involvierter Haut eine erhöhte Expression des CCR4-Liganden CCL17 beschrieben (Kakinuma et al.,

2003). Die CCL17-Konzentration korrelierte hierbei mit der Krankheitsaktivität, so dass CCR4 anscheinend einen wichtigen Faktor für den starken Epidermotropismus der Tumorzellen darstellt.

Die Bedeutung von CCR10 für das Homing von T-Zellen in die Haut ist zunehmend diskutiert worden (Homey et al., 2002; Soler et al., 2003; Chen et al., 2006; Faaij et al., 2006; Mirshahpanah et al., 2008). CCR10 ist nachweislich in Gewebeproben von Patienten mit Psoriasis oder atopischer Dermatitis exprimiert, während in Hautbiopsien von gesunden Patienten keine CCR10 Expression nachzuweisen ist (Homey et al., 2002). Homey et al. zeigten, dass der CCR10-Ligand CCL27 physiologischerweise von Keratinozyten in basalen Schichten der Epidermis gebildet, auf der extrazellulären Membran immobilisiert und auf der Oberfläche von Endothelzellen präsentiert wird (Homey et al., 2000). Weiterhin wird propagiert, dass CCL27 die Adhäsion von T-Zellen auf dem kutanen Gefäßendothel ermöglicht, welches eine Schlüsselrolle dieses Rezeptor/Ligand-Paares für die kutane Infiltration von T-Lymphozyten nahe legt (Homey et al., 2000). Aktuelle Studien zeigen, dass die CCL27-Expression in vom CTCL betroffenen Hautabschnitten deutlich erhöht ist (Kagami et al., 2006). Soler et al. berichten, dass in entzündlichen Hautläsionen, wie dem Ulcus molle oder der Candidiasis nahezu alle der infiltrierenden CLA-positiven T-Zellen CCR4 exprimieren, jedoch nur eine kleine Population von sogenannten „Effektorzellen" CCR10 (Soler et al., 2003) coexprimiert, deren Aufgabe die Überwachung und Regulierung der Entzündungsreaktion ist (Soler et al., 2003).

CCR10 wurde in dieser Arbeit in allen untersuchten CTCL-Hautschnitten von den Tumorzellen exprimiert. Diese immunhistologischen Ergebnisse wurden in *in vitro* Experimenten bestätigt. Es zeigte sich in der Sezary Syndrom-Zelllinie HUT-78 eine CCR10-Expression sowohl auf mRNA-, als auch auf Proteinebene. Im Vergleich mit drei peripheren Lymphom-Zelllinien wurde CCR10 nur von der Sezary Syndrom-Zelllinie exprimiert. Im Vergleich zur hochdifferenzierten Sezary Syndrom-Zelllinie HUT-78 sind die peripheren Lymphom-Zelllinien relativ unreif und undifferenziert, so dass eine Reexpression oder Hochregulation des hautassoziierten Chemokinrezeptors CCR10 im CTCL möglich erscheint. Eine erhöhte CCR10-Expression beeinflusst möglicherweise die starke Affinität der Tumorzellen zur Haut.

Murakami et al. demonstrierten, dass die kutane Manifestation des malignen Melanoms mit der CCR10-Expression des Primärtumors direkt korreliert, eine Blockierung von CCR10 hatte eine signifikante Reduzierung der Tumorgröße zur

Folge (Murakami et al., 2004). Interessanterweise wurde in dieser Arbeit die höchste Expression von CCR10 in Hautschnitten von Sezary Syndrom-Patienten, also einer fortgeschrittenen, aggressiven Variante, bestimmt. Die erhöhte CCR10-Expression in weiter fortgeschrittenen Stadien des CTCL könnte durch den direkten physiologischen Zusammenhang der Liganden der Rezeptoren CCR4 und CCR10 erklärt werden. Veestergard et al. zeigten, dass der CCR4-Ligand CXCL17 die durch den Entzündungsmediator TNF-α hervorgerufene CCL27-Expression verstärkt (Vestergaard et al., 2004). Es ist also zu vermuten, dass in frühen Stadien eine erhöhte dermale CCL17-Konzentration vorliegt, welche die Infiltration durch Makrophagen und T-Lymphozyten verursacht. Durch die Infiltration von Entzündungszellen wird über die Sekretion von TNF-α die Sezernierung von CCL27 angeregt, welche durch CCL17 weiter verstärkt wird. In späteren Stadien würde es dadurch zu einer höheren CCL27 Konzentration kommen. Durch die folgende Rekrutierung von CCR10-positiven T-Zellen würden eine höhere CCR10-Dichte und möglicherweise ein aggressiveres klinisches Erscheinungsbild, z.B. eine Erythrodermie, die Rötung der gesamten Haut, bedingt.

Beim malignen Melanom hängt die Aggressivität des Tumors neben CCR10 auch von CCR7 ab. Die Expression von CCR7 korrelierte im Tierversuch mit der Anzahl lymphatischer Metastasen, eine Transfektion mit CCR7 hatte eine aggravierte lymphatische Metastasierung zur Folge (Murakami et al., 2004). CCR7 wurde in bisherigen Studien vereinzelt auf Mycosis fungoides Schnitten nachgewiesen. CCR7 wird physiologischerweise von naiven T-Zellen exprimiert und ermöglicht zusammen mit den Oberflächenmolekülen L-Selektin und LFA-1 die Extravasation der Lymphozyten durch das Lymphendothel in die T-Zone der Lymphfollikel. Im Rahmen der frühen lymphozytären Reifung und der Antigenprägung kommt es zu einer kurzfristigen Hochregulation von CXCR5 und zu einer Migration der T-Zellen aus der T-Zone in die Lymphfollikel. In dieser Arbeit wurde CCR7 in fortgeschrittenen Stadien der Mycosis fungoides und in dem Sezary Syndrom vereinzelt nachgewiesen, während Hautbiopsien früher Stadien CCR7-negativ waren. Insgesamt war die kutane Expression von CCR7 im Vergleich zu CCR4 und CCR10 deutlich geringer.

CTCL-Zellen, die von reifen T-Lymphozyten abstammen, exprimieren möglicherweise in relativ hoch differenzierten Frühstadien noch kein CCR7, jedoch ist bei Fortschreiten der Erkrankung eine Reexpression von CCR7 im Sinne einer Entdifferenzierung zu vermuten. Dies würde zusammen mit den

Oberflächenmolekülen LFA-1 und L-Selektin eine lymphatische Infiltration, welche kennzeichnend für spätere Stadien ist, ermöglichen. So wurden auf der untersuchten Sezary Syndrom-Zelllinie HUT-78, die ein fortgeschritteneres, leukämisches Stadium der Krankheit repräsentiert, sowohl CCR7 in hoher Konzentration, als auch LFA-1 und L-Selektin nachgewiesen.

Der ebenfalls mit der Migration von Lymphozyten assoziierte Chemokinrezeptor CXCR5 konnte in keinem Hautschnitt nachgewiesen werden, wurde jedoch in den untersuchten Lymphknoten mit physiologischem Verteilungsmuster und auf HUT-78 gefunden. CXCR5 wird physiologischerweise nur wenige Tage auf naiven T-Zellen exprimiert (Ohl et al., 2003), möglicherweise befinden sich die entsprechenden Tumorzellen in einem späteren Reifungsstadium, so dass CXCR5 bereits herunterreguliert wurde.

In der Immunhistochemie fiel auf, dass Lymphknoten von Sezary Syndrom-Patienten ein ungewöhnliches CCR10-Verteilungsmuster aufwiesen. Tumorzellen in den Lymphsinus zeigten eine hohe CCR10-Expression, während Tumorzellen in den follikulären Gebieten diesen Rezeptor nicht exprimierten. Dieses außergewöhnliche CCR10-Expressionsmuster könnte Ausdruck einer Suppression von CCR10 nach der Aktivierung der von Gedächtnis-T-Lymphozyten abstammenden malignen Klone sein. Das Phänomen der Rezeptorsuppression bei Eintritt in lymphatische Organe ist von CCR7 und CXCR5 auf lymphatischen Zellen bekannt (Ohl et al., 2003). Eine weitere Möglichkeit die ungewöhnliche CCR10-Verteilung zu erklären, besteht darin, dass maligne Klone typischerweise äußerst heterogen sind und möglicherweise nur CCR10-negative Tumorzellen die Lymphfollikel infiltrieren können. Da es bisher keinen Beweis für eine Expression der CCR10-Liganden CCL27 und CCL28 in lymphatischem Gewebe gibt, ist es wahrscheinlich, dass die Rekrutierung von Tumorzellen in Lymphknoten durch das Dreigestirn CCR7, LFA-1 und L-Selektin vermittelt wird, wie es von T-Lymphozyten, die in periphere Lymphknoten wandern, bekannt ist.

Die hier dargestellten Ergebnisse erlauben einen detaillierten Einblick in die Pathogenese des CTCL. Es ist davon auszugehen, dass Chemokinrezeptoren, u.a. CCR7, CXCR3 und vor allem CCR10 eine wichtige Rolle für den Epidermotropismus des CTCL spielen. CCR4, CXCR3 und CCR10 sind konstant auf allen untersuchten Biopsien nachzuweisen. CCR7 wurde vor allem in fortgeschrittenen Stadien nachgewiesen. Vermutlich ermöglicht eine Reexpression bei fortschreitender

Entdifferenzierung die lymphatische Metastasierung. Schließlich lässt die starke CCR10-Expression auf Sezary Syndrom-Zellen vermuten, dass dieser Rezeptor zu dem aggressiven klinischen Bild des Sezary Syndroms beiträgt. Die Bedeutung von CCR10 für die lymphatische Metastasierung des CTCL ist noch nicht geklärt.

Die Kenntnis der Chemokinrezeptorexpression im CTCL ermutigt zu weiterführenden Studien, z.B. der Korrelation Chemokinrezeptorenexpression oder dem Serumspiegel der entsprechenden Liganden mit dem klinischen Verlauf oder histologischen Differenzierung. Auch die selektive Ausschaltung einzelner Chemokinrezeptoren oder die Antagonisierung der jeweiligen Liganden erscheinen als Therapieoptionen möglich.

Beeinflussung der chemokinvermittelten Zellrekrutierung

Chemokinantagonisten, selektive Antikörper, *small agent antagonists* oder kompetitive Antikörper, erlauben die Untersuchung der Funktionalität von Chemokinen und besitzen auch therapeutisches Potential, z.B. in Transplantations- oder Tumormodellen. Erste Erfahrungen liegen mit dem proinflammatorischen Chemokin CCL5 vor (Grone et al., 1999; Bedke et al., 2002; Song et al., 2002; Yun et al., 2004).

CCL5 interagiert mit den drei Rezeptoren CCR1, CCR3 und CCR5, welche auf Monozyten (CCR1 und CCR5), T-Zellen (CCR1, CCR3 und CCR5), natürlichen Killerzellen (NK)-Zellen (CCR1 und CCR5) und eosinophilen Granulozyten (CCR1 und CCR3) (Nelson et al., 2001; Bacon et al., 2002) exprimiert werden.

CCL5 erfüllt neben der Rekrutierung von Leukozyten zahlreiche andere Funktionen. Es verstärkt die Effektorfunktion in spezifischen Leukozytensubpopulationen, u.a. Monozyten, T-Zellen und NK-Zellen, die Histaminfreisetzung von humanen basophilen Granulozyten (Kuna et al., 1992) und löst den sogenannten *Respiratory Burst* (Elsner et al., 1995), die Sekretion toxischer Sauerstoffradikale bei eosinophilen Granulozyten aus.

Die Rolle von CCL5 und seiner Rezeptoren CCR1 und CCR5 in der akuten Transplantatabstoßung ist in verschiedenen Modellen demonstriert worden (Grone et al., 1999; Bedke et al., 2002; Song et al., 2002; Yun et al., 2004). Klinische Studien (Fischereder et al., 2001) beschreiben die Abhängigkeit der Transplantatabstoßung von dem CCL5-bindenden Chemokinrezeptor CCR5.

Im Mammakarzinom wurde eine mögliche Rolle von CCL5 in der lokalen Tumorprogression durch eine verstärkte Infiltration von monozytären Zellen und einer Beschleunigung des lokalen Tumorwachstums beschrieben (Azenshtein et al., 2002). Karnoub et al. demonstrierten in einem Tumorxenograft-Modell, dass mesenchymale Stammzellen in Mammakarzinome rekrutiert werden. Die Tumorzellen stimulieren eine *de novo* Sekretion von CCL5, welches wiederum die Motilität, Metastasierung des Tumors verstärkt (Karnoub et al., 2007).

NMR-Strukturanalysen von CCL5 zeigen, dass der signalgebende N-Terminus unverdeckt und außerhalb des Kernproteins exponiert ist (Proudfoot et al., 1996). Die Integrität des N-Terminus von CCL5 ist entscheidend für die Rezeptorbindung und für die zelluläre Aktivierung. Die Erweiterung von humanen CCL5 um einen einzelnen

Methioninrest am N-Terminus reicht aus, um einen potenten und selektiven Antagonisten - Met-RANTES - zu generieren.

Der Effekt von Met-RANTES auf CCL5-Rezeptoren wurde in Adhäsionsexperimenten mit Monozyten und CD4-positiven T-Lymphozyten auf mikrovaskulärem Endothel unter physiologischen Flussbedingungen demonstriert. In diesen Experimenten hemmt Met-RANTES die feste Endotheladhäsion von Leukozyten (Grone et al., 1999; Weber et al., 2001; Baltus et al., 2003). Die Behandlung mit Met-RANTES zeigt außerdem eine dramatische Reduzierung der akuten und chronischen Gewebsschädigung in murinen Herztranplantationsmodellen (Song et al., 2002) und akuten und chronischen Nierentransplantatabstoßungsmodellen der Ratte (Grone et al., 1999; Song et al., 2002; Yun et al., 2004). Diese Ergebnisse legen nahe, dass CCR5 die Initiation und das Fortschreiten entzündlicher Prozesse beeinflusst und für die Prävention und Therapie der Transplantatabstoßung von Bedeutung ist (Nelson et al., 2001; Weber et al., 2001).

In den murinen Transplantatabstoßungsmodellen wurden die zu transplantierenden Organe präoperativ mit in Elektrolytlösung gelöstem Met-RANTES reperfundiert (Grone et al., 1999). Nach der Implantation erfolgten weitere systemische Gaben von Met-RANTES, um eine konstant hohe Konzentration in dem Transplantat zu erzielen. Dazu war die Isolierung größerer Proteinmengen erforderlich, systemische Nebenwirkungen wurden zwar bisher noch nicht beschrieben, sind aber aufgrund der vielfältigen Expression von CCL5 nicht auszuschließen.

Das Met-RANTES-Protein wurde mit einem GPI-Anker fusioniert, um die lokale Proteinkonzentration zu erhöhen. Dies ist das erste Mal, dass die Verbindung eines Chemokins oder Chemokin-Derivats mit einem GPI-Anker beschrieben wird. GPI-verankerte Proteine werden, wenn zusammen mit Zellen inkubiert, in Zellmembranen integriert und können dann ihre native biologische Funktion ausüben (Medof et al., 1996; Djafarzadeh et al., 2004). Diese Art von direktem Transfer von Proteinen auf Zellen wird *Cell Painting* oder *Surface Protein Engineering* genannt und ist eine Alternative zum konventionellen Gentransfer, um die Oberflächenexpression von Proteinen zu manipulieren (Medof et al., 1996; Kooyman et al., 1998; Premkumar et al., 2001; Djafarzadeh et al., 2004).

Der Vorteil des *Cell Painting* besteht darin, dass funktionelle Proteine in die Zellmembran integriert werden können, ohne dass diese Proteine auf mRNA-Ebene kodiert sein müssen. Dadurch werden Eingriffe auf molekularer Ebene vermieden, was die potentielle klinische Anwendung solcher Wirkstoffe vereinfacht. Der C-Terminus von Chemokinen ist für die Fusion mit einem GPI-Anker gut geeignet, dadurch wird eine apikale Präsentation des antagonistischen N-Terminus auf der Endotheloberfläche ermöglicht (Skelton et al., 1995). In dieser Arbeit wird der erstellte kompetitive Chemokinantagonist in die Zellmembran von humanen Endothelzellen ohne vorherige Transfektion integriert.

Neben der Fusion mit dem GPI-Anker wurden zwei zusätzliche Modifikationen in die CCL5-Sequenz eingefügt. Die erste war die Einbringung eines zusätzlichen Methionins am signalgebenden Aminoterminus, um den kompetitiven CCL5-Antagonisten Met-RANTES zu generieren.

Die zweite Modifikation betraf das Polymerisierungsverhalten von CCL5. Das CCL5-Protein bildet hochgradige Oligomere, welche essentiell für die CCR1-vermittelte Adhäsion sind (Baltus et al., 2003). Die Oligomerisierung hängt von den geladenen Glutaminsäureresten an den Positionen 26 und 66 ab (Czaplewski et al., 1999). An diesen Stellen mutierte CCL5-Derivate sind oligomerisierungsdefizient und zeigen unter physiologischen Flussbedingungen eine kompetitiv inhibierende Wirkung auf die CCL5-vermittelte Rekrutierung von T-Lymphozyten (Baltus et al., 2003). Die Neigung zur Oligomerisierung erschwert die Isolierung des nativen Proteins, hohe Salzkonzentrationen sind zur Eluierung notwendig, die ggf. die Proteinstruktur schädigen und weitere Verdünnungsschritte erfordern. Da die Isolierung von Dimeren am effektivsten erschien, sah die zweite Modifikation einen Austausch des Glutaminsäurerestes an der Position 66 gegen einen Alaninrest vor, welches die Bildung von Dimeren anstatt großer Oligomere verursacht (Czaplewski et al., 1999). Ein additiver inhibitorischer Effekt zusammen mit der Erweiterung um einen Methioninrest wurde bisher noch nicht beschrieben, ist allerdings nicht auszuschließen.

Da eine dimerisierende Variante am effektivsten zu isolieren schien, wurde zunächst nur diese mit der FPLC isoliert. Der so generierte Antagonist, nachfolgend Met-RANTES(Dimer)-GPI genannt, wurde in CHO/dhfr- Zellen stabil transfiziert und wurde von diesen über den GPI-Anker auf der Oberfläche exprimiert. Das aus den CHO/dhfr- isolierte und mit der FPLC gereinigte Met-RANTES(Dimer)-GPI Protein wurde effektiv in die Oberfläche von Endothelzellen reinkorporiert und inhibiert die transendotheliale Migration monozytärer Zellen, welche in der

Transplantatabstoßung (Nelson et al., 2001) und auch bei der Tumorprogression eine Rolle spielen (Stewart et al., 1997).

Für die zukünftige *in vivo* Anwendung könnte z.B. die zu transplantierenden Spenderorgane präoperativ mit einer Met-RANTES(Dimer)-GPI-Lösung reperfundiert, um eine Integration in das Transplantatgefäßsystem mit einer hohen lokalen Konzentration zu ermöglichen. Eine systemische Applikation im Sinne einer Erhaltungsdosis erscheint nicht mehr notwendig. Derart präparierte Transplantate sollten eine ähnliche, wenn nicht sogar längere Überlebenszeit, als mit löslichem Met-RANTES behandelte Transplantate aufweisen.

In einem Tumormodell könnte Met-RANTES(Dimer)-GPI lokal über eine selektive Katheterisierung in den Primärtumor oder in Metastasen appliziert werden. Der Antagonist würde durch seine Endothelbindung eine sehr hohe Lokalkonzentration erreichen und die Infiltration durch monozytäre Zellen, die Neoangiogenese und somit möglicherweise die Tumorprogression hemmen. Mögliche systemische immunsuppressive Effekte, könnten vermieden werden.

Die Menge des zu applizierenden Proteins kann wahrscheinlich sowohl im Transplantat- als auch im Tumormodell im Vergleich zu gelösten Antagonisten vermutlich vermindert und die Verweildauer auf dem Endothel verlängert werden.

Die Dauer der Membranbindung lässt sich nicht mit Sicherheit voraussagen, sie wird voraussichtlich im Verhältnis zur Konzentration von Phospholipase C, welche GPI-gekoppelte Proteine an der Phosphodiesterbindung spaltet, stehen. Interessanterweise war das nicht mutierte CCL5-GPI-Protein resistent gegenüber PLC, d.h. die CCL5-Oberflächenexpression blieb konstant. Dieses könnte daran liegen, dass die native Variante des Proteins durch die starke Oligomerisierung keinen adäquaten Zugriff des PLC-Enzyms erlaubt und die Schnittstelle des GPI-Ankers verdeckt. Eine nur teilweise Verdauung durch Phospholipase C erzielt wahrscheinlich keine effektive Lösung des GPI-Ankers von dem integrierten nativen Molekül. Die Verwendung von Dimeren oder Tetrameren erscheint deshalb auch durch die Möglichkeit der Antagonisierung möglicher Nebenwirkungen sinnvoll, da oligomere Moleküle nicht durch PLC durchtrennt werden können. Die Applikation von Phospholipase C steht als potentielle Möglichkeit der Antagonisierung zur Verfügung, sollten etwaige noch unbekannte Nebenwirkungen auftreten. Nebenwirkungen durch die ggf. systemische Gabe von Phospholipase C sind natürlich zu bedenken.

Zusammengefasst stellt Met-RANTES(Dimer)-GPI einen neuen Therapieansatz zur Behandlung der Transplantatabstoßung dar. Ziel soll es letzten Endes sein, eine verlängerte Transplantatüberlebensdauer mit einer gleichzeitig reduzierten Immunsuppression durch Chemotherapeutika zu erreichen.

Eine weitere Einsatzmöglichkeit ist eine gezielte lokale Hemmung der Tumorinfiltration durch monozytäre Zellen und somit der Tumorprogression. Die Durchführung von *in vivo* Studien ist geplant, führte aber über den Rahmen der vorliegenden Arbeit hinaus.

6. Zusammenfassung

Die Rekrutierung von Zellen ist ein komplexer, in mehreren Schritten ablaufender Mechanismus, der eine zentrale Bedeutung für zahlreiche biologische Prozesse, wie z.B. Entzündung, Transplantatabstoßung, Tumormetastasierung und Stammzellmigration hat. Die Migration von Zellen aus dem Blutstrom oder einem Reservoir in ein Zielgewebe bzw. Zielorgan und umgekehrt wird durch zahlreiche spezifische und unspezifische Reize ausgelöst und orchestriert. Dies erfolgt zu einem großen Teil durch von Chemokinen regulierte Mechanismen.

Chemokine sind chemotaktische Zytokine, welche an spezifische auf der Zelloberfläche exprimierte Chemokinrezeptoren (CCR) binden. Zellen mit entsprechenden Chemokinrezeptoren wandern entlang eines Chemokingradienten zum jeweiligen Ziel, z.B. einem Entzündungsherd oder einem Zielorgan.

Erstes Ziel dieser Arbeit war die Analyse der Chemokinrezeptorexpression im kutanen T-Zell Lymphom (CTCL), einem Non-Hogkin-Lymphom mit primärer kutaner Manifestation.

Der Nachweis von Chemokinrezeptoren erfolgte *in vitro* mit der Polymerasekettenreaktion (PCR), der Durchflusszytometrie und mit Migrationsversuchen. Der Chemokinrezeptornachweis auf Hautschnitten von CTCL-Patienten erfolgte mit der Immunhistochemie. Erstmals konnte der hautassoziierte Chemokinrezeptor CCR10 im Rahmen des CTCL nachgewiesen werden. Außerdem gelang der Nachweis der Chemokinrezeptoren CCR4, CCR7 und CXCR3 in Hautschnitten und Lymphknotenbiopsien. CXCR3 wurde erstmals im Sezary Syndrom, einer fortgeschrittenen und aggressiven CTCL-Unterform, beschrieben.

In der Immunhistochemie wurde die stärkste CCR10-Expression in Sezary Syndrom-Hautschnitten festgestellt. In Biopsien von befallenen Lymphknoten zeigte sich ein auffälliges CCR10-Verteilungsmuster: CCR10-positive Zellen wurden im Lymphsinus nachgewiesen, drangen aber nur vereinzelt in den Lymphknoten ein. In peripheren, nicht-kutanen Lymphomen wurde CCR10 nicht nachgewiesen und ist somit vermutlich exklusiv auf dem primär kutanen CTCL exprimiert. Es ist davon auszugehen, dass CCR10 den Epidermotropismus vor allem in aggressiveren Stadien reguliert. Die Bedeutung von CCR10 für die lymphatische Metastasierung des CTCL ist noch nicht geklärt. CCR10 könnte in der Zukunft als Faktor für die klinische Einstufung des CTCL oder als Ziel für eine gezielte Tumortherapie dienen.

Die gezielte Tumortherapie ist u.a. mit Chemokinantagonisten möglich. Sie erlauben die gezielte Beeinflussung der chemokingesteuerten Rekrutierung von Leukozyten, Stammzellen oder Tumorzellen. Deshalb wurde ein membranbindender Antagonist des Chemokins CCL5, als potentielles Agens für die lokale Therapie von Tumoren oder von Transplantatabstoßungen, generiert.

Das Chemokin CCL5 und seine Rezeptoren spielen in der akuten Transplantatabstoßung und in der Tumorprogression, z.B. im Mammakarzinom, eine zentrale Rolle. Der CCL5-Antagonist Met-RANTES inhibiert in Transplantatabstoßungsmodellen die Rekrutierung von Leukozyten. Der akute Entzündungsprozess und der daraus resultierende chronische Gefäßschäden werden so vermindert. Auch in einem Tumormodell ist ein Effekt auf die lokale Tumorprogression wahrscheinlich. Der in dieser Arbeit hergestellte CCL5-Antagonist Met-RANTES(Dimer)-GPI soll eine lokale Therapie ohne systemische Nebenwirkungen ermöglichen. Durch die erstmals beschriebene Bindung eines Chemokins oder Chemokinderivats an einen Glykosylinositolphosphatidyl (GPI)-Anker soll der Antagonist effektiv in die Zellmembranen von Endothelzellen inkorporiert werden, länger auf dem Endothel verbleiben und die benötigte Proteinmenge vermindern.

Zunächst wurde durch die Erweiterung des signalgebenden N-Terminus von CCL5 der CCL5-Antagonist Met-RANTES generiert. Ein Aminosäureaustausch erzeugte ein dimerisierendes Molekül, welches einfacher als die zur Polymerisierung neigende Wildform zu isolieren war. Das Protein wurde mit der PCR mit einem GPI-Anker fusioniert und in *Chinese Hamster Ovary* (CHO)-Zellen subkloniert. Met-RANTES(Dimer)-GPI wurde erfolgreich aus den CHO-Zellen isoliert und mit der Säulenchromatographie gereinigt. In *in vitro*-Versuchen wurde Met-RANTES(Dimer)-GPI effektiv in die Oberfläche von humanen Endothelzellen reinkorporiert und hemmte die transendotheliale Migration von Monozyten, welche bei der Transplantat-abstoßung und bei der Tumorprogression eine wichtige Rolle spielen. Mit Met-RANTES(Dimer)-GPI präperfundierte Transplantate zeigen möglicherweise einen geringeren vaskulären Schaden bei der akuten Transplantatabstoßungsreaktion.

Im Tumormodell soll eine Hemmung der Tumorinfiltration durch Monozyten, welche eine beschleunigte Tumorprogression verursachen, erreicht werden. Im Vergleich zu nicht GPI-gebundenen CCL5-Antagonisten würde eine lokale fokussierte Therapie ermöglicht und eine eventuell geringere zu applizierende Proteinmenge bei längerer Verweildauer erzielt.

Die Ergebnisse dieser Arbeit erlauben zunächst einen genaueren Einblick in die Pathogenese des CTCL. Der Chemokinrezeptor CCR7 wird vor allem von fortgeschrittenen Formen mit lymphatischer Infiltration exprimiert. CCR10 wird erstmals im Zusammenhang mit dem CTCL beschrieben und vor allem von fortgeschrittenen Unterformen exprimiert.
Desweiteren wurde ein membranbindender Chemokinantagonist hergestellt. Erstmals wird die Kombination eines Chemokins oder Chemokinderivats mit einem GPI-Anker beschrieben. Der Antagonist erlaubt eine hohe lokale Applikation ohne systemische Zirkulation des Agens. Mögliche Einsatzgebiete sind die gezielte Tumortherapie oder die Behandlung der Transplantatabstoßung.

7. Abkürzungsverzeichnis

°C	Grad Celsius
µ	Mikro
Abb.	Abbildung
AoD	Assay on demand
AS	Aminosäure
BSA	Bovines Serumalbumin
CCR	CC-Chemokinrezeptor
cDNA	Komplementäre DNA
CHO	*Chinese Hamster Ovary*
CLA	*Cutaneous lymphocyte antigen*
CTCL	Kutanes T-Zell Lymphom
CTCL	Kutanes T-Zell Lymphom
CXCR	CXC-Chemokinrezeptor
DAB	Diaminobenzidin
dhfr	Dihydrofolatreduktase
DMSO	Dimethylsulfoxid
DNA	Desoxyribonukleinsäure
DNase	Desoxyribonuklease
E. coli	Escherichia coli
EDTA	Ethylendiamintetraessigsäure
ELISA	*Enzyme linked Immunosorbent Assay*
FACS	Durchflusszytometrie
FCS	Fötales Kälberserum
FITC	Fluoreszeinisothiocyanat
FPLC	Fast Protein Liquid Chromatography
G	Gramm
GAG	Glykosaminoglykan
GAPDH	Glycrinaldehyd-3-phosphat-dehydrogenase
GPI	Glykosylinositolphosphatidyl
h	Stunde
HEPES	2-(4-(2-Hydroxyethyl)- 1-piperazinyl)-ethansulfonsäure
HuMVEC	Humane mikrovaskuläre endotheliale Zellen
IFNγ	Interferon gamma

IL	Interleukin
kDa	Kilodalton
l	Liter
LFA	*Lymphocyte function associated antigen*
M	Molar (mol pro Liter)
m	Mili
Met	Methionin
MF	Mycosis fungoides
min	Minute
MMP	Matrixmetalloproteinase
mRNA	*Messenger* RNA
MW	Molekulargewicht
PBS	Phosphat-gepufferte Saline
PCR	Polymerasekettenreaktion
PDAR	*Predeveloped assay reagents*
PE	Phycoerythrin
PI	Propiumiodid
PLC	Phospholipase C
RANTES	*Regulated upon activation, normal T cell expressed and secreted*
RNA	Ribonukleinsäure
RNase	Ribonuklease
rRNA	ribosomale Ribonukleinsäure
RT	Reverse Transkriptase
SDS	Natriumdodecylsulfat
SS	Sezary Syndrom
TNFα	Tumornekrosefaktor alpha
Tris	Tris-(hydorxymethyl)aminomethan
UV	Ultraviolett
V	Volt

8. Literaturverzeichnis

Addison, C. L., J. A. Belperio, M. D. Burdick, R. M. Strieter "Overexpression of the duffy antigen receptor for chemokines (DARC) by NSCLC tumor cells results in increased tumor necrosis." BMC Cancer; 2004; 4: 28.

Arendt, B. K., A. Velazquez-Dones, R. C. Tschumper, K. G. Howell, S. M. Ansell, T. E. Witzig, D. F. Jelinek "Interleukin 6 induces monocyte chemoattractant protein-1 expression in myeloma cells." Leukemia; 2002; 16(10): 2142-7.

Azenshtein, E., G. Luboshits, S. Shina, E. Neumark, D. Shahbazian, M. Weil, N. Wigler, I. Keydar, A. Ben-Baruch "The CC chemokine RANTES in breast carcinoma progression: regulation of expression and potential mechanisms of promalignant activity." Cancer Res; 2002; 62(4): 1093-102.

Bacon, K., M. Baggiolini, H. Broxmeyer, R. Horuk, I. Lindley, A. Mantovani, K. Maysushima, P. Murphy, H. Nomiyama, J. Oppenheim, A. Rot, T. Schall, M. Tsang, R. Thorpe, J. Van Damme, M. Wadhwa, O. Yoshie, A. Zlotnik, K. Zoon "Chemokine/chemokine receptor nomenclature." J Interferon Cytokine Res; 2002; 22(10): 1067-8.

Balkwill, F. "Cancer and the chemokine network." Nat Rev Cancer; 2004; 4(7): 540-50.

Balkwill, F., A. Mantovani "Inflammation and cancer: back to Virchow?" Lancet; 2001; 357(9255): 539-45.

Baltus, T., K. S. Weber, Z. Johnson, A. E. Proudfoot, C. Weber "Oligomerization of RANTES is required for CCR1-mediated arrest but not CCR5-mediated transmigration of leukocytes on inflamed endothelium." Blood; 2003; 102(6): 1985-8.

Bedke, J., T. Stojanovic, H. J. Grone, M. Heuser, L. Scheele, A. E. Proudfoot, H. Becker, P. M. Markus, M. Hecker "Met-RANTES improves acute-rejection-induced microvascular injury in rat small bowel transplantation." Transplant Proc; 2002; 34(3): 1049.

Berin, M. C., L. Eckmann, D. H. Broide, M. F. Kagnoff "Regulated production of the T helper 2-type T-cell chemoattractant TARC by human bronchial epithelial cells in vitro and in human lung xenografts." Am J Respir Cell Mol Biol; 2001; 24(4): 382-9.

Buri, C., M. Korner, P. Scharli, D. Cefai, M. Uguccioni, C. Mueller, J. A. Laissue, L. Mazzucchelli "CC chemokines and the receptors CCR3 and CCR5 are differentially expressed in the nonneoplastic leukocytic infiltrates of Hodgkin disease." Blood; 2001; 97(6): 1543-8.

Burnette, W. N. ""Western blotting": electrophoretic transfer of proteins from sodium dodecyl sulfate--polyacrylamide gels to unmodified nitrocellulose and radiographic detection with antibody and radioiodinated protein A." Anal Biochem; 1981; 112(2): 195-203.

Cartier, L., M. Dubois-Dauphin, O. Hartley, I. Irminger-Finger, K. H. Krause "Chemokine-induced cell death in CCR5-expressing neuroblastoma cells." J Neuroimmunol; 2003; 145(1-2): 27-39.

Chantry, D., L. E. Burgess "Chemokines in allergy." Curr Drug Targets Inflamm Allergy; 2002; 1(1): 109-16.

Chen, L., S. X. Lin, R. Agha-Majzoub, L. Overbergh, C. Mathieu, L. S. Chan "CCL27 is a critical factor for the development of atopic dermatitis in the keratin-14 IL-4 transgenic mouse model." Int Immunol; 2006; 18(8): 1233-42.

Corcione, A., L. Ottonello, G. Tortolina, P. Facchetti, I. Airoldi, R. Guglielmino, P. Dadati, M. Truini, S. Sozzani, F. Dallegri, V. Pistoia "Stromal cell-derived factor-1 as a chemoattractant for follicular center lymphoma B cells." J Natl Cancer Inst; 2000; 92(8): 628-35.

Coussens, L. M., Z. Werb "Inflammation and cancer." Nature; 2002; 420(6917): 860-7.

Curiel, T. J., G. Coukos, L. Zou, X. Alvarez, P. Cheng, P. Mottram, M. Evdemon-Hogan, J. R. Conejo-Garcia, L. Zhang, M. Burow, Y. Zhu, S. Wei, I. Kryczek, B. Daniel, A. Gordon, L. Myers, A. Lackner, M. L. Disis, K. L. Knutson, L. Chen, W. Zou "Specific recruitment of regulatory T cells in ovarian carcinoma fosters immune privilege and predicts reduced survival." Nat Med; 2004; 10(9): 942-9.

Czaplewski, L. G., J. McKeating, C. J. Craven, L. D. Higgins, V. Appay, A. Brown, T. Dudgeon, L. A. Howard, T. Meyers, J. Owen, S. R. Palan, P. Tan, G. Wilson, N. R. Woods, C. M. Heyworth, B. I. Lord, D. Brotherton, R. Christison, S. Craig, S. Cribbes, R. M. Edwards, S. J. Evans, R. Gilbert, P. Morgan, E. Randle, N. Schofield, P. G. Varley, J. Fisher, J. P. Waltho, M. G. Hunter "Identification of amino acid residues critical for aggregation of human CC chemokines macrophage inflammatory protein (MIP)-1alpha, MIP-1beta, and

RANTES. Characterization of active disaggregated chemokine variants." J Biol Chem; 1999; 274(23): 16077-84.

Devalaraja, M. N., A. Richmond "Multiple chemotactic factors: fine control or redundancy?" Trends Pharmacol Sci; 1999; 20(4): 151-6.

Dimberg, J., A. Hugander, D. Wagsater "Protein expression of the chemokine, CCL28, in human colorectal cancer." Int J Oncol; 2006; 28(2): 315-9.

Djafarzadeh, R., A. Mojaat, A. B. Vicente, I. von Luttichau, P. J. Nelson "Exogenously added GPI-anchored tissue inhibitor of matrix metalloproteinase-1 (TIMP-1) displays enhanced and novel biological activities." Biol Chem; 2004; 385(7): 655-63.

Duvic, M., R. Edelson "Cutaneous T-cell lymphoma." J Am Acad Dermatol; 2004; 51(1 Suppl): S43-5.

Elsner, J., S. Dichmann, A. Kapp "Activation of the respiratory burst in human eosinophils by chemotaxins requires intracellular calcium fluxes." J Invest Dermatol; 1995; 105(2): 231-6.

English, K., C. Brady, P. Corcoran, J. P. Cassidy, B. P. Mahon "Inflammation of the respiratory tract is associated with CCL28 and CCR10 expression in a murine model of allergic asthma." Immunol Lett; 2006; 103(2): 92-100.

Faaij, C. M., A. C. Lankester, E. Spierings, M. Hoogeboom, E. P. Bowman, M. Bierings, T. Revesz, R. M. Egeler, M. J. van Tol, N. E. Annels "A possible role for CCL27/CTACK-CCR10 interaction in recruiting CD4 T cells to skin in human graft-versus-host disease." Br J Haematol; 2006; 133(5): 538-49.

Ferenczi, K., R. C. Fuhlbrigge, J. Pinkus, G. S. Pinkus, T. S. Kupper "Increased CCR4 expression in cutaneous T cell lymphoma." J Invest Dermatol; 2002; 119(6): 1405-10.

Fischereder, M., M. Kretzler "New immunosuppressive strategies in renal transplant recipients." J Nephrol; 2004; 17(1): 9-18.

Fischereder, M., B. Luckow, B. Hocher, R. P. Wuthrich, U. Rothenpieler, H. Schneeberger, U. Panzer, R. A. Stahl, I. A. Hauser, K. Budde, H. Neumayer, B. K. Kramer, W. Land, D. Schlondorff "CC chemokine receptor 5 and renal-transplant survival." Lancet; 2001; 357(9270): 1758-61.

Forster, R., A. Schubel, D. Breitfeld, E. Kremmer, I. Renner-Muller, E. Wolf, M. Lipp "CCR7 coordinates the primary immune response by establishing functional microenvironments in secondary lymphoid organs." Cell; 1999; 99(1): 23-33.

Gasser, O., T. A. Schmid, G. Zenhaeusern, C. Hess "Cyclooxygenase regulates cell surface expression of CXCR3/1-storing granules in human CD4+ T cells." J Immunol; 2006; 177(12): 8806-12.

Giles, R., R. D. Loberg "Can we target the chemokine network for cancer therapeutics?" Curr Cancer Drug Targets; 2006; 6(8): 659-70.

Girardi, M., P. W. Heald, L. D. Wilson "The pathogenesis of mycosis fungoides." N Engl J Med; 2004; 350(19): 1978-88.

Giustizieri, M. L., F. Mascia, A. Frezzolini, O. De Pita, L. M. Chinni, A. Giannetti, G. Girolomoni, S. Pastore "Keratinocytes from patients with atopic dermatitis and psoriasis show a distinct chemokine production profile in response to T cell-derived cytokines." J Allergy Clin Immunol; 2001; 107(5): 871-7.

Grone, H. J., C. Weber, K. S. Weber, E. F. Grone, T. Rabelink, C. M. Klier, T. N. Wells, A. E. Proudfood, D. Schlondorff, P. J. Nelson "Met-RANTES reduces vascular and tubular damage during acute renal transplant rejection: blocking monocyte arrest and recruitment." Faseb J; 1999; 13(11): 1371-83.

Gunn, M. D., K. Tangemann, C. Tam, J. G. Cyster, S. D. Rosen, L. T. Williams "A chemokine expressed in lymphoid high endothelial venules promotes the adhesion and chemotaxis of naive T lymphocytes." Proc Natl Acad Sci U S A; 1998; 95(1): 258-63.

Halloran, P. F. "Immunosuppressive drugs for kidney transplantation." N Engl J Med; 2004; 351(26): 2715-29.

Haque, N. S., J. T. Fallon, M. B. Taubman, P. C. Harpel "The chemokine receptor CCR8 mediates human endothelial cell chemotaxis induced by I-309 and Kaposi sarcoma herpesvirus-encoded vMIP-I and by lipoprotein(a)-stimulated endothelial cell conditioned medium." Blood; 2001; 97(1): 39-45.

Hasegawa, H., T. Nomura, M. Kohno, N. Tateishi, Y. Suzuki, N. Maeda, R. Fujisawa, O. Yoshie, S. Fujita "Increased chemokine receptor CCR7/EBI1 expression enhances the infiltration of lymphoid organs by adult T-cell leukemia cells." Blood; 2000; 95(1): 30-8.

Heresi, G. A., J. Wang, R. Taichman, J. A. Chirinos, J. J. Regalado, D. M. Lichtstein, J. D. Rosenblatt "Expression of the chemokine receptor CCR7 in prostate cancer presenting with generalized lymphadenopathy: report of a case, review of the literature, and analysis of chemokine receptor expression." Urol Oncol; 2005; 23(4): 261-7.

Homey, B., H. Alenius, A. Muller, H. Soto, E. P. Bowman, W. Yuan, L. McEvoy, A. I. Lauerma, T. Assmann, E. Bunemann, M. Lehto, H. Wolff, D. Yen, H. Marxhausen, W. To, J. Sedgwick, T. Ruzicka, P. Lehmann, A. Zlotnik "CCL27-CCR10 interactions regulate T cell-mediated skin inflammation." Nat Med; 2002; 8(2): 157-65.

Homey, B., W. Wang, H. Soto, M. E. Buchanan, A. Wiesenborn, D. Catron, A. Muller, T. K. McClanahan, M. C. Dieu-Nosjean, R. Orozco, T. Ruzicka, P. Lehmann, E. Oldham, A. Zlotnik "Cutting edge: the orphan chemokine receptor G protein-coupled receptor-2 (GPR-2, CCR10) binds the skin-associated chemokine CCL27 (CTACK/ALP/ILC)." J Immunol; 2000; 164(7): 3465-70.

Husson, H., A. S. Freedman, A. A. Cardoso, J. Schultze, O. Munoz, G. Strola, J. Kutok, E. G. Carideo, R. De Beaumont, F. Caligaris-Cappio, P. Ghia "CXCL13 (BCA-1) is produced by follicular lymphoma cells: role in the accumulation of malignant B cells." Br J Haematol; 2002; 119(2): 492-5.

Ishida, T., H. Inagaki, A. Utsunomiya, Y. Takatsuka, H. Komatsu, S. Iida, G. Takeuchi, T. Eimoto, S. Nakamura, R. Ueda "CXC chemokine receptor 3 and CC chemokine receptor 4 expression in T-cell and NK-cell lymphomas with special reference to clinicopathological significance for peripheral T-cell lymphoma, unspecified." Clin Cancer Res; 2004; 10(16): 5494-500.

Ishida, T., A. Utsunomiya, S. Iida, H. Inagaki, Y. Takatsuka, S. Kusumoto, G. Takeuchi, S. Shimizu, M. Ito, H. Komatsu, A. Wakita, T. Eimoto, K. Matsushima, R. Ueda "Clinical significance of CCR4 expression in adult T-cell leukemia/lymphoma: its close association with skin involvement and unfavorable outcome." Clin Cancer Res; 2003; 9(10 Pt 1): 3625-34.

Johrer, K., C. Zelle-Rieser, A. Perathoner, P. Moser, M. Hager, R. Ramoner, H. Gander, L. Holtl, G. Bartsch, R. Greil, M. Thurnher "Up-regulation of functional chemokine receptor CCR3 in human renal cell carcinoma." Clin Cancer Res; 2005; 11(7): 2459-65.

Jones, D., C. O'Hara, M. D. Kraus, A. R. Perez-Atayde, A. Shahsafaei, L. Wu, D. M. Dorfman "Expression pattern of T-cell-associated chemokine receptors and their chemokines correlates with specific subtypes of T-cell non-Hodgkin lymphoma." Blood; 2000; 96(2): 685-90.

Kagami, S., M. Sugaya, Y. Minatani, H. Ohmatsu, T. Kakinuma, H. Fujita, K. Tamaki "Elevated serum CTACK/CCL27 levels in CTCL." J Invest Dermatol; 2006; 126(5): 1189-91.

Kakinuma, T., S. T. Hwang "Chemokines, chemokine receptors, and cancer metastasis." J Leukoc Biol; 2006; 79(4): 639-51.

Kakinuma, T., M. Sugaya, K. Nakamura, F. Kaneko, M. Wakugawa, K. Matsushima, K. Tamaki "Thymus and activation-regulated chemokine (TARC/CCL17) in mycosis fungoides: serum TARC levels reflect the disease activity of mycosis fungoides." J Am Acad Dermatol; 2003; 48(1): 23-30.

Kallinich, T., J. M. Muche, S. Qin, W. Sterry, H. Audring, R. A. Kroczek "Chemokine receptor expression on neoplastic and reactive T cells in the skin at different stages of mycosis fungoides." J Invest Dermatol; 2003; 121(5): 1045-52.

Kameyoshi, Y., J. M. Schroder, E. Christophers, S. Yamamoto "Identification of the cytokine RANTES released from platelets as an eosinophil chemotactic factor." Int Arch Allergy Immunol; 1994; 104 Suppl 1(1): 49-51.

Karnoub, A. E., A. B. Dash, A. P. Vo, A. Sullivan, M. W. Brooks, G. W. Bell, A. L. Richardson, K. Polyak, R. Tubo, R. A. Weinberg "Mesenchymal stem cells within tumour stroma promote breast cancer metastasis." Nature; 2007; 449(7162): 557-63.

Katada, T., A. G. Gilman, Y. Watanabe, S. Bauer, K. H. Jakobs "Protein kinase C phosphorylates the inhibitory guanine-nucleotide-binding regulatory component and apparently suppresses its function in hormonal inhibition of adenylate cyclase." Eur J Biochem; 1985; 151(2): 431-7.

Kato, M., J. Kitayama, S. Kazama, H. Nagawa "Expression pattern of CXC chemokine receptor-4 is correlated with lymph node metastasis in human invasive ductal carcinoma." Breast Cancer Res; 2003; 5(5): R144-50.

Katou, F., H. Ohtani, T. Nakayama, H. Nagura, O. Yoshie, K. Motegi "Differential expression of CCL19 by DC-Lamp+ mature dendritic cells in human lymph node versus chronically inflamed skin." J Pathol; 2003; 199(1): 98-106.

Kellermann, S. A., S. Hudak, E. R. Oldham, Y. J. Liu, L. M. McEvoy "The CC chemokine receptor-7 ligands 6Ckine and macrophage inflammatory protein-3 beta are potent chemoattractants for in vitro- and in vivo-derived dendritic cells." J Immunol; 1999; 162(7): 3859-64.

Kerl, H., M. Volkenandt, L. Cerroni "[Malignant lymphoma of the skin]." Hautarzt; 1994; 45(6): 421-43; quiz 441-2.

Kim, S. J., H. Uehara, T. Karashima, M. McCarty, N. Shih, I. J. Fidler "Expression of interleukin-8 correlates with angiogenesis, tumorigenicity, and metastasis of human prostate cancer cells implanted orthotopically in nude mice." Neoplasia; 2001; 3(1): 33-42.

Kirby, A. C., V. Hill, I. Olsen, S. R. Porter "LFA-3 delta D2: a novel in vivo isoform of lymphocyte function-associated antigen 3." Biochem Biophys Res Commun; 1995; 214(1): 200-5.

Kleinhans, M., A. Tun-Kyi, M. Gilliet, M. E. Kadin, R. Dummer, G. Burg, F. O. Nestle "Functional expression of the eotaxin receptor CCR3 in CD30+ cutaneous T-cell lymphoma." Blood; 2003; 101(4): 1487-93.

Kollet, O., I. Petit, J. Kahn, S. Samira, A. Dar, A. Peled, V. Deutsch, M. Gunetti, W. Piacibello, A. Nagler, T. Lapidot "Human CD34(+)CXCR4(-) sorted cells harbor intracellular CXCR4, which can be functionally expressed and provide NOD/SCID repopulation." Blood; 2002; 100(8): 2778-86.

Kooyman, D. L., G. W. Byrne, J. S. Logan "Glycosyl phosphatidylinositol anchor." Exp Nephrol; 1998; 6(2): 148-51.

Kotz, E. A., D. Anderson, B. H. Thiers "Cutaneous T-cell lymphoma." J Eur Acad Dermatol Venereol; 2003; 17(2): 131-7.

Kuna, P., S. R. Reddigari, T. J. Schall, D. Rucinski, M. Y. Viksman, A. P. Kaplan "RANTES, a monocyte and T lymphocyte chemotactic cytokine releases histamine from human basophils." J Immunol; 1992; 149(2): 636-42.

Kunkel, E. J., C. H. Kim, N. H. Lazarus, M. A. Vierra, D. Soler, E. P. Bowman, E. C. Butcher "CCR10 expression is a common feature of circulating and mucosal epithelial tissue IgA Ab-secreting cells." J Clin Invest; 2003; 111(7): 1001-10.

Kuwada, Y., T. Sasaki, K. Morinaka, Y. Kitadai, N. Mukaida, K. Chayama "Potential involvement of IL-8 and its receptors in the invasiveness of pancreatic cancer cells." Int J Oncol; 2003; 22(4): 765-71.

Lamberg, S. I., P. A. Bunn, Jr. "Proceedings of the Workshop on Cutaneous T-Cell Lymphomas (Mycosis Fungoides and Sezary Syndrome). Introduction." Cancer Treat Rep; 1979; 63(4): 561-4.

Lapidot, T., A. Dar, O. Kollet "How do stem cells find their way home?" Blood; 2005; 106(6): 1901-10.

Lawson, W., H. F. Biller "The solitary thyroid nodule: diagnosis and management of malignant disease." Am J Otolaryngol; 1983; 4(1): 43-73.

Legler, D. F., M. Loetscher, R. S. Roos, I. Clark-Lewis, M. Baggiolini, B. Moser "B cell-attracting chemokine 1, a human CXC chemokine expressed in lymphoid tissues, selectively attracts B lymphocytes via BLR1/CXCR5." J Exp Med; 1998; 187(4): 655-60.

Lentsch, A. B. "The Duffy antigen/receptor for chemokines (DARC) and prostate cancer. A role as clear as black and white?" Faseb J; 2002; 16(9): 1093-5.

Leppert, D., S. L. Hauser, J. L. Kishiyama, S. An, L. Zeng, E. J. Goetzl "Stimulation of matrix metalloproteinase-dependent migration of T cells by eicosanoids." FASEB J; 1995; 9(14): 1473-81.

Letsch, A., U. Keilholz, D. Schadendorf, G. Assfalg, A. M. Asemissen, E. Thiel, C. Scheibenbogen "Functional CCR9 expression is associated with small intestinal metastasis." J Invest Dermatol; 2004; 122(3): 685-90.

Levy, B. D., C. B. Clish, B. Schmidt, K. Gronert, C. N. Serhan "Lipid mediator class switching during acute inflammation: signals in resolution." Nat Immunol; 2001; 2(7): 612-9.

Lu, D., M. Duvic, L. J. Medeiros, R. Luthra, D. M. Dorfman, D. Jones "The T-cell chemokine receptor CXCR3 is expressed highly in low-grade mycosis fungoides." Am J Clin Pathol; 2001; 115(3): 413-21.

Ludwig, A., A. Schulte, C. Schnack, C. Hundhausen, K. Reiss, N. Brodway, J. Held-Feindt, R. Mentlein "Enhanced expression and shedding of the transmembrane chemokine CXCL16 by reactive astrocytes and glioma cells." J Neurochem; 2005; 93(5): 1293-303.

Luettichau, I. V., M. Notohamiprodjo, A. Wechselberger, C. Peters, A. Henger, C. Seliger, R. Djafarzadeh, R. Huss, P. J. Nelson "Human adult CD34- progenitor cells functionally express the chemokine receptors CCR1, CCR4, CCR7, CXCR5, and CCR10 but not CXCR4." Stem Cells Dev; 2005; 14(3): 329-36.

Luscinskas, F. W., M. A. Gimbrone, Jr. "Endothelial-dependent mechanisms in chronic inflammatory leukocyte recruitment." Annu Rev Med; 1996; 47: 413-21.

Lüttichau, I., M. Notohamiprodjo, A. Wechselberger, C. Peters, A. Henger, C. Seliger, R. Djafarzadeh, R. Huss, P. J. Nelson "Human adult CD34- progenitor cells functionally express the chemokine receptors CCR1, CCR4, CCR7, CXCR5, and CCR10 but not CXCR4." Stem Cells Dev; 2005; 14(3): 329-36.

Mantovani, A. "The chemokine system: redundancy for robust outputs." Immunol Today; 1999; 20(6): 254-7.

Marks, R., J. Finke "Biologics in the prevention and treatment of graft rejection." Springer Semin Immunopathol; 2006.

Medof, M. E., S. Nagarajan, M. L. Tykocinski "Cell-surface engineering with GPI-anchored proteins." Faseb J; 1996; 10(5): 574-86.

Meijer, J., I. S. Zeelenberg, B. Sipos, E. Roos "The CXCR5 Chemokine Receptor Is Expressed by Carcinoma Cells and Promotes Growth of Colon Carcinoma in the Liver." Cancer Res; 2006; 66(19): 9576-82.

Mirshahpanah, P., Y. Y. Li, N. Burkhardt, K. Asadullah, T. M. Zollner "CCR4 and CCR10 ligands play additive roles in mouse contact hypersensitivity." Exp Dermatol; 2008; 17(1): 30-4.

Mitra, P., K. Shibuta, J. Mathai, K. Shimoda, B. F. Banner, M. Mori, G. F. Barnard "CXCR4 mRNA expression in colon, esophageal and gastric cancers and hepatitis C infected liver." Int J Oncol; 1999; 14(5): 917-25.

Miura, K., S. Uniyal, M. Leabu, T. Oravecz, S. Chakrabarti, V. L. Morris, B. M. Chan "Chemokine receptor CXCR4-beta1 integrin axis mediates tumorigenesis of osteosarcoma HOS cells." Biochem Cell Biol; 2005; 83(1): 36-48.

Miyamoto, M., Y. Shimizu, K. Okada, Y. Kashii, K. Higuchi, A. Watanabe "Effect of interleukin-8 on production of tumor-associated substances and autocrine growth of human liver and pancreatic cancer cells." Cancer Immunol Immunother; 1998; 47(1): 47-57.

Muller, A., B. Homey, H. Soto, N. Ge, D. Catron, M. E. Buchanan, T. McClanahan, E. Murphy, W. Yuan, S. N. Wagner, J. L. Barrera, A. Mohar, E. Verastegui, A. Zlotnik "Involvement of chemokine receptors in breast cancer metastasis." Nature; 2001; 410(6824): 50-6.

Murakami, T., A. R. Cardones, S. E. Finkelstein, N. P. Restifo, B. A. Klaunberg, F. O. Nestle, S. S. Castillo, P. A. Dennis, S. T. Hwang "Immune evasion by murine melanoma mediated through CC chemokine receptor-10." J Exp Med; 2003; 198(9): 1337-47.

Murakami, T., A. R. Cardones, S. T. Hwang "Chemokine receptors and melanoma metastasis." J Dermatol Sci; 2004; 36(2): 71-8.

Murakami, T., W. Maki, A. R. Cardones, H. Fang, A. Tun Kyi, F. O. Nestle, S. T. Hwang "Expression of CXC chemokine receptor-4 enhances the pulmonary metastatic potential of murine B16 melanoma cells." Cancer Res; 2002; 62(24): 7328-34.

Murphy, P. M. "Chemokine receptor cloning." Methods Mol Biol; 2000; 138: 89-98.

Murphy, P. M., M. Baggiolini, I. F. Charo, C. A. Hebert, R. Horuk, K. Matsushima, L. H. Miller, J. J. Oppenheim, C. A. Power "International union of pharmacology. XXII. Nomenclature for chemokine receptors." Pharmacol Rev; 2000; 52(1): 145-76.

Nankivell, B. J., J. R. Chapman "Chronic allograft nephropathy: current concepts and future directions." Transplantation; 2006; 81(5): 643-54.

Nelson, P. J., A. M. Krensky "Chemokines, lymphocytes and viruses: what goes around, comes around." Curr Opin Immunol; 1998; 10(3): 265-70.

Nelson, P. J., A. M. Krensky "Chemokines and allograft rejection: narrowing the list of suspects." Transplantation; 2001; 72(7): 1195-7.

Nelson, P. J., A. M. Krensky "Chemokines, chemokine receptors, and allograft rejection." Immunity; 2001; 14(4): 377-86.

Nibbs, R. J., E. Kriehuber, P. D. Ponath, D. Parent, S. Qin, J. D. Campbell, A. Henderson, D. Kerjaschki, D. Maurer, G. J. Graham, A. Rot "The beta-chemokine receptor D6 is expressed by lymphatic endothelium and a subset of vascular tumors." Am J Pathol; 2001; 158(3): 867-77.

Notohamiprodjo, M., R. Djafarzadeh, A. Mojaat, I. Von Luettichau, H. J. Groehne, P. J. Nelson "Generation of GPI-linked CCL5 based chemokine receptor antagonists for the suppression of acute vascular damage during allograft transplantation." Protein Engineering Design and Selection; 2006; Jan;19((1)): 27-35.

Notohamiprodjo, M., S. Segerer, R. Huss, B. Hildebrandt, D. Soler, R. Djafarzadeh, W. Buck, P. J. Nelson, I. von Luettichau "CCR10 is expressed in cutaneous T-cell lymphoma." Int J Cancer; 2005; 115(4): 641-7.

Ogawa, H., M. Iimura, L. Eckmann, M. F. Kagnoff "Regulated production of the chemokine CCL28 in human colon epithelium." Am J Physiol Gastrointest Liver Physiol; 2004; 287(5): G1062-9.

Ohl, L., G. Henning, S. Krautwald, M. Lipp, S. Hardtke, G. Bernhardt, O. Pabst, R. Forster "Cooperating mechanisms of CXCR5 and CCR7 in development and organization of secondary lymphoid organs." J Exp Med; 2003; 197(9): 1199-204.

Ohl, L., M. Mohaupt, N. Czeloth, G. Hintzen, Z. Kiafard, J. Zwirner, T. Blankenstein, G. Henning, R. Forster "CCR7 governs skin dendritic cell migration under inflammatory and steady-state conditions." Immunity; 2004; 21(2): 279-88.

Okamoto, H., K. Koizumi, H. Yamanaka, T. Saito, N. Kamatani "A role for TARC/CCL17, a CC chemokine, in systemic lupus erythematosus." J Rheumatol; 2003; 30(11): 2369-73.

Pan, J., E. J. Kunkel, U. Gosslar, N. Lazarus, P. Langdon, K. Broadwell, M. A. Vierra, M. C. Genovese, E. C. Butcher, D. Soler "A novel chemokine ligand for CCR10 and CCR3 expressed by epithelial cells in mucosal tissues." J Immunol; 2000; 165(6): 2943-9.

Pattison, J., P. J. Nelson, P. Huie, I. von Leuttichau, G. Farshid, R. K. Sibley, A. M. Krensky "RANTES chemokine expression in cell-mediated transplant rejection of the kidney." Lancet; 1994; 343(8891): 209-11.

Philip, M., D. A. Rowley, H. Schreiber "Inflammation as a tumor promoter in cancer induction." Semin Cancer Biol; 2004; 14(6): 433-9.

Phillips, R. J., M. D. Burdick, M. Lutz, J. A. Belperio, M. P. Keane, R. M. Strieter "The stromal derived factor-1/CXCL12-CXC chemokine receptor 4 biological axis in non-small cell lung cancer metastases." Am J Respir Crit Care Med; 2003; 167(12): 1676-86.

Pimpinelli, N., M. Santucci, B. Giannotti "Cutaneous lymphoma: a clinically relevant classification." Int J Dermatol; 1993; 32(10): 695-700.

Powell, J., N. Stone, D. R.P.R. (2002). Hair and Scalp Diseases. New York, The Parthenon Publishing Group, Inc.,.

Premkumar, D. R., Y. Fukuoka, D. Sevlever, E. Brunschwig, T. L. Rosenberry, M. L. Tykocinski, M. E. Medof "Properties of exogenously added GPI-anchored proteins following their incorporation into cells." J Cell Biochem; 2001; 82(2): 234-45.

Proudfoot, A. E., S. Fritchley, F. Borlat, J. P. Shaw, F. Vilbois, C. Zwahlen, A. Trkola, D. Marchant, P. R. Clapham, T. N. Wells "The BBXB motif of RANTES is the principal site for heparin binding and controls receptor selectivity." J Biol Chem; 2001; 276(14): 10620-6.

Proudfoot, A. E., C. A. Power, A. J. Hoogewerf, M. O. Montjovent, F. Borlat, R. E. Offord, T. N. Wells "Extension of recombinant human RANTES by the retention of the initiating methionine produces a potent antagonist." J Biol Chem; 1996; 271(5): 2599-603.

Ramsdell, F. "Foxp3 and natural regulatory T cells: key to a cell lineage?" Immunity; 2003; 19(2): 165-8.

Reiss, Y., A. E. Proudfoot, C. A. Power, J. J. Campbell, E. C. Butcher "CC chemokine receptor (CCR)4 and the CCR10 ligand cutaneous T cell-attracting chemokine (CTACK) in lymphocyte trafficking to inflamed skin." J Exp Med; 2001; 194(10): 1541-7.

Rot, A. "Neutrophil attractant/activation protein-1 (interleukin-8) induces in vitro neutrophil migration by haptotactic mechanism." Eur J Immunol; 1993; 23(1): 303-6.

Rot, A., U. H. von Andrian "Chemokines in innate and adaptive host defense: basic chemokinese grammar for immune cells." Annu Rev Immunol; 2004; 22: 891-928.

Rubie, C., V. Oliveira, K. Kempf, M. Wagner, B. Tilton, B. Rau, B. Kruse, J. Konig, M. Schilling "Involvement of chemokine receptor CCR6 in colorectal cancer metastasis." Tumour Biol; 2006; 27(3): 166-74.

Sallusto, F., E. Kremmer, B. Palermo, A. Hoy, P. Ponath, S. Qin, R. Forster, M. Lipp, A. Lanzavecchia "Switch in chemokine receptor expression upon TCR stimulation reveals novel homing potential for recently activated T cells." Eur J Immunol; 1999; 29(6): 2037-45.

Sallusto, F., D. Lenig, C. R. Mackay, A. Lanzavecchia "Flexible programs of chemokine receptor expression on human polarized T helper 1 and 2 lymphocytes." J Exp Med; 1998; 187(6): 875-83.

Schadendorf, D., A. Moller, B. Algermissen, M. Worm, M. Sticherling, B. M. Czarnetzki "IL-8 produced by human malignant melanoma cells in vitro is an essential autocrine growth factor." J Immunol; 1993; 151(5): 2667-75.

Schall, T. J., J. Jongstra, B. J. Dyer, J. Jorgensen, C. Clayberger, M. M. Davis, A. M. Krensky "A human T cell-specific molecule is a member of a new gene family." J Immunol; 1988; 141(3): 1018-25.

Schrader, A. J., O. Lechner, M. Templin, K. E. Dittmar, S. Machtens, M. Mengel, M. Probst-Kepper, A. Franzke, T. Wollensak, P. Gatzlaff, J. Atzpodien, J. Buer, J.

Lauber "CXCR4/CXCL12 expression and signalling in kidney cancer." Br J Cancer; 2002; 86(8): 1250-6.

Scotton, C., D. Milliken, J. Wilson, S. Raju, F. Balkwill "Analysis of CC chemokine and chemokine receptor expression in solid ovarian tumours." Br J Cancer; 2001; 85(6): 891-7.

Shimauchi, T., K. Kabashima, Y. Tokura "CXCR3 and CCR4 double positive tumor cells in granulomatous mycosis fungoides." J Am Acad Dermatol; 2006; 54(6): 1109-11.

Singh, S., U. P. Singh, J. K. Stiles, W. E. Grizzle, J. W. Lillard, Jr. "Expression and functional role of CCR9 in prostate cancer cell migration and invasion." Clin Cancer Res; 2004; 10(24): 8743-50.

Skelton, N. J., F. Aspiras, J. Ogez, T. J. Schall "Proton NMR assignments and solution conformation of RANTES, a chemokine of the C-C type." Biochemistry; 1995; 34(16): 5329-42.

Soler, D., T. L. Humphreys, S. M. Spinola, J. J. Campbell "CCR4 versus CCR10 in human cutaneous TH lymphocyte trafficking." Blood; 2003; 101(5): 1677-82.

Song, E., H. Zou, Y. Yao, A. Proudfoot, B. Antus, S. Liu, L. Jens, U. Heemann "Early application of Met-RANTES ameliorates chronic allograft nephropathy." Kidney Int; 2002; 61(2): 676-85.

Stewart, T. H., G. H. Heppner "Immunological enhancement of breast cancer." Parasitology; 1997; 115 Suppl: S141-53.

Stormes, K. A., C. A. Lemken, J. V. Lepre, M. N. Marinucci, R. A. Kurt "Inhibition of metastasis by inhibition of tumor-derived CCL5." Breast Cancer Res Treat; 2005; 89(2): 209-12.

Strieter, R. M., P. J. Polverini, S. L. Kunkel, D. A. Arenberg, M. D. Burdick, J. Kasper, J. Dzuiba, J. Van Damme, A. Walz, D. Marriott, et al. "The functional role of the ELR motif in CXC chemokine-mediated angiogenesis." J Biol Chem; 1995; 270(45): 27348-57.

Tecimer, T., J. Dlott, A. Chuntharapai, A. W. Martin, S. C. Peiper "Expression of the chemokine receptor CXCR2 in normal and neoplastic neuroendocrine cells." Arch Pathol Lab Med; 2000; 124(4): 520-5.

Trentin, L., C. Agostini, M. Facco, F. Piazza, A. Perin, M. Siviero, C. Gurrieri, S. Galvan, F. Adami, R. Zambello, G. Semenzato "The chemokine receptor

CXCR3 is expressed on malignant B cells and mediates chemotaxis." J Clin Invest; 1999; 104(1): 115-21.

Vaday, G. G., D. M. Peehl, P. A. Kadam, D. M. Lawrence "Expression of CCL5 (RANTES) and CCR5 in prostate cancer." Prostate; 2006; 66(2): 124-34.

van den Berg, A., L. Visser, S. Poppema "High expression of the CC chemokine TARC in Reed-Sternberg cells. A possible explanation for the characteristic T-cell infiltratein Hodgkin's lymphoma." Am J Pathol; 1999; 154(6): 1685-91.

Varney, M. L., A. Li, B. J. Dave, C. D. Bucana, S. L. Johansson, R. K. Singh "Expression of CXCR1 and CXCR2 receptors in malignant melanoma with different metastatic potential and their role in interleukin-8 (CXCL-8)-mediated modulation of metastatic phenotype." Clin Exp Metastasis; 2003; 20(8): 723-31.

Vestergaard, C., C. Johansen, U. Christensen, H. Just, T. Hohwy, M. Deleuran "TARC augments TNF-alpha-induced CTACK production in keratinocytes." Exp Dermatol; 2004; 13(9): 551-7.

von Andrian, U. H., T. R. Mempel "Homing and cellular traffic in lymph nodes." Nat Rev Immunol; 2003; 3(11): 867-78.

von Luettichau, I., P. J. Nelson, J. M. Pattison, M. van de Rijn, P. Huie, R. Warnke, C. J. Wiedermann, R. A. Stahl, R. K. Sibley, A. M. Krensky "RANTES chemokine expression in diseased and normal human tissues." Cytokine; 1996; 8(1): 89-98.

Wagsater, D., J. Dimberg "Expression of chemokine receptor CXCR6 in human colorectal adenocarcinomas." Anticancer Res; 2004; 24(6): 3711-4.

Wang, B., D. T. Hendricks, F. Wamunyokoli, M. I. Parker "A growth-related oncogene/CXC chemokine receptor 2 autocrine loop contributes to cellular proliferation in esophageal cancer." Cancer Res; 2006; 66(6): 3071-7.

Wang, J., L. Xi, J. L. Hunt, W. Gooding, T. L. Whiteside, Z. Chen, T. E. Godfrey, R. L. Ferris "Expression pattern of chemokine receptor 6 (CCR6) and CCR7 in squamous cell carcinoma of the head and neck identifies a novel metastatic phenotype." Cancer Res; 2004; 64(5): 1861-6.

Weber, C., K. S. Weber, C. Klier, S. Gu, R. Wank, R. Horuk, P. J. Nelson "Specialized roles of the chemokine receptors CCR1 and CCR5 in the recruitment of monocytes and T(H)1-like/CD45RO(+) T cells." Blood; 2001; 97(4): 1144-6.

Wells, T. N., C. A. Power, A. E. Proudfoot "Definition, function and pathophysiological significance of chemokine receptors." Trends Pharmacol Sci; 1998; 19(9): 376-80.

Wiedermann, C. J., E. Kowald, N. Reinisch, C. M. Kaehler, I. von Luettichau, J. M. Pattison, P. Huie, R. K. Sibley, P. J. Nelson, A. M. Krensky "Monocyte haptotaxis induced by the RANTES chemokine." Curr Biol; 1993; 3(11): 735-9.

Wiley, H. E., E. B. Gonzalez, W. Maki, M. T. Wu, S. T. Hwang "Expression of CC chemokine receptor-7 and regional lymph node metastasis of B16 murine melanoma." J Natl Cancer Inst; 2001; 93(21): 1638-43.

Willemze, R., C. J. Meijer "EORTC classification for primary cutaneous lymphomas: the best guide to good clinical management. European Organization for Research and Treatment of Cancer." Am J Dermatopathol; 1999; 21(3): 265-73.

Xia, M., D. Leppert, S. L. Hauser, S. P. Sreedharan, P. J. Nelson, A. M. Krensky, E. J. Goetzl "Stimulus specificity of matrix metalloproteinase dependence of human T cell migration through a model basement membrane." J Immunol; 1996; 156(1): 160-7.

Yang, X., P. Lu, C. Fujii, Y. Nakamoto, J. L. Gao, S. Kaneko, P. M. Murphy, N. Mukaida "Essential contribution of a chemokine, CCL3, and its receptor, CCR1, to hepatocellular carcinoma progression." Int J Cancer; 2006; 118(8): 1869-76.

Yoong, K. F., S. C. Afford, R. Jones, P. Aujla, S. Qin, K. Price, S. G. Hubscher, D. H. Adams "Expression and function of CXC and CC chemokines in human malignant liver tumors: a role for human monokine induced by gamma-interferon in lymphocyte recruitment to hepatocellular carcinoma." Hepatology; 1999; 30(1): 100-11.

Yoshimura, T., K. Matsushima, J. J. Oppenheim, E. J. Leonard "Neutrophil chemotactic factor produced by lipopolysaccharide (LPS)-stimulated human blood mononuclear leukocytes: partial characterization and separation from interleukin 1 (IL 1)." J Immunol; 1987; 139(3): 788-93.

Yun, J. J., D. Whiting, M. P. Fischbein, A. Banerji, Y. Irie, D. Stein, M. C. Fishbein, A. E. Proudfoot, H. Laks, J. A. Berliner, A. Ardehali "Combined blockade of the chemokine receptors CCR1 and CCR5 attenuates chronic rejection." Circulation; 2004; 109(7): 932-7.

Zafiropoulos, A., N. Crikas, A. M. Passam, D. A. Spandidos "Significant involvement of CCR2-64I and CXCL12-3a in the development of sporadic breast cancer." J Med Genet; 2004; 41(5): e59.

Zhu, Y. M., S. J. Webster, D. Flower, P. J. Woll "Interleukin-8/CXCL8 is a growth factor for human lung cancer cells." Br J Cancer; 2004; 91(11): 1970-6.

9. Abbildungs- und Tabellenverzeichnis

9.1. Abbildungen

9.2. Tabellen

10. Anhang

10.1. Kongressbeiträge in Zusammenhang mit der Dissertation

Poster

Notohamiprodjo M, Segerer S, Huss R, Hildebrandt B, Soler D, Djafarzadeh R, Buck W, Nelson PJ, von Luettichau I.

CCR10, CXCR3 and CXCR4 in Cutaneous T-cell lymphoma

Chemokines-Euroconference, Paris, 23.-24. Oktober 2003

Von Lüttichau I, Notohamiprodjo M, Wechselberger A, Peters C, Henger A, Seliger C, Djafarzadeh R, Huss R, Nelson PJ.

Mesenchymal stem cells express functional chemokine receptors. A role of chemokine biology in stem cell homing?

Chemokines-Euroconference, 23.-24. Oktober 2003

Notohamiprodjo M, Segerer S, Huss R, Hildebrandt B, Soler D, Djafarzadeh R, Buck W, Nelson PJ, von Luettichau I.

CCR10 is expressed in CTCL

Jahrestagung deutsche und niederländische Gesellschaft für Immunologie, Maastricht 20. – 23. Oktober 2004

Vorträge

Notohamiprodjo M, Djafarzadeh R, Mojaat A, von Lüttichau I, Gröne HJ, Nelson PJ.

Generation of GPI-linked CCL5 based chemokine receptor antagonists for the suppression of acute vascular damage during allograft transplantation.

Challenging Proteins Workshop, Paris, 17.-18. Oktober 2005

Auszeichnungen

Ausgezeichnet für den 5.-10. Platz beim *Young Investigators Award* im Rahmen des *Challenging Proteins Workshop*, Paris, 17.-18. Oktober 2005

Notohamiprodjo M, Djafarzadeh R, Mojaat A, von Lüttichau I, Gröne HJ, Nelson PJ.

Generation of GPI-linked CCL5 based chemokine receptor antagonists for the suppression of acute vascular damage during allograft transplantation.

10.2. Originalartikel in Zusammenhang mit der Dissertation

Notohamiprodjo M, Segerer S, Huss R, Hildebrandt B, Soler D, Djafarzadeh R, Buck W, Nelson PJ, von Luettichau I.
CCR10 is expressed in cutaneous T-cell lymphoma
Int J Cancer. 2005 Jul 1;115(4):641-7

Notohamiprodjo M, Djafarzadeh R, Mojaat A, von Lüttichau I, Gröne HJ, Nelson PJ.
Generation of GPI-linked CCL5 based chemokine receptor antagonists for the suppression of acute vascular damage during allograft transplantation.
Protein Eng Des Sel. 2006 Jan;19(1):27-35. Epub 2005 Oct 26

Von Lüttichau I, Notohamiprodjo M, Wechselberger A, Peters C, Henger A, Seliger C, Djafarzadeh R, Huss R, Nelson PJ.
Human adult CD34- progenitor cells functionally express the chemokine receptors CCR1, CCR4, CCR7, CXCR5, and CCR10 but not CXCR4.
Stem Cells Dev. 2005 Jun;14(3):329-36

Djafarzadeh R, Noessner E, Engelmann H, Schendel DJ, Notohamiprodjo M, von Luettichau I, Nelson PJ.
GPI-anchored TIMP-1 treatment renders renal cell carcinoma sensitive to FAS-meditated killing.
Oncogene. 2006 Mar 9;25(10):1496-508.

Huss R, von Lüttichau I, Lechner S, Notohamiprodjo M, Seliger C, Nelson P.
[Chemokine directed homing of transplanted adult stem cells in wound healing and tissue regeneration]
Verh Dtsch Ges Pathol. 2004;88:170-3. German.

von Luettichau I, Segerer S, Wechselberger A, Notohamiprodjo M, Nathrath M, Kremer M, Henger A, Djafarzadeh R, Burdach S, Huss R, Nelson PJ.
A complex pattern of chemokine receptor expression is seen in osteosarcoma.
BMC Cancer. 2008 Jan 24;8:23.

Int. J. Cancer: **115,** 641–647 (2005)

SHORT REPORT

CCR10 is expressed in cutaneous T-cell lymphoma

Mike Notohamiprodjo[1], Stephan Segerer[1], Ralf Huss[2], Bernhard Hildebrandt[3], Dulce Soler[4], Roghieh Djafarzadeh[1], Wiebke Buck[1,5], Peter J. Nelson[1*] and Irene von Luettichau[1,5]

[1]*Medical Poliklinik, Ludwig-Maximilians-University of Munich, Munich, Germany*
[2]*Institute of Pathology, Ludwig-Maximilians-University of Munich, Munich, Germany*
[3]*Clinic and Poliklinik for Dermatology, Technical University of Munich, Munich, Germany*
[4]*Millennium Pharmaceuticals, Cambridge, MA, USA*
[5]*Department of Pediatrics, Technical University of Munich, Munich, Germany*

Cutaneous T-cell lymphoma (CTCL) is characterized by recruitment of malignant T-cell clones into the skin. The mechanisms involved in tumor homing are still not fully elucidated, though chemokines and chemokine receptors have been suggested to play a role in the pathogenesis. Here, we demonstrate extensive expression of CCR10 in skin biopsies of patients with Sézary syndrome (SS, *n* = 3), mycosis fungoides (MF, *n* = 2) and unspecified CTCL (*n* = 3). In addition, we expand prior findings of CXCR3 expression in MF to other entities of CTCL. Expression of CCR5 was detected in 2 of the examined skin biopsies. The functionality of CCR10 and CXCR3 in SS was demonstrated using the SS T-cell line HUT78. Our data support a potential role of CXCR3 in CTCL and strongly suggest that CCR10 and its ligand CCL27 may contribute to the skin infiltration of malignant T-cells in this group of lymphoproliferative disorders.

Key words: CCR10; cutaneous T-cell lymphoma; mycosis fungoides; Sézary syndrome

CTCL belongs to the large and heterogeneous group of mature (peripheral) T-cell neoplasms characterized by clonal expansion of a mature CD4-positive clone of T_h phenotype, putatively from a skin homing subset of memory T-cells.[1] According to WHO criteria, MF is the most common form of CTCL, with patch, plaque or tumor manifestation similar to psoriasis, due to skin homing and proliferation of a malignant T-cell clone.[1,2] The WHO lymphoma classification system identifies SS as a distinct clinical entity[3] with erythroderma, lymphadenopathy and a circulating malignant clone characterized by large cells with hyperconvoluted cerebriform nuclei.[4]

The mechanism of T-cell homing to the skin is not fully understood, but there is growing evidence that chemokines and their corresponding receptors play a significant role.[5,6] The importance of chemokines, a group of structurally related small secreted proteins, in the homing of immune cells to sites of inflammation has been well established.[7] Chemokines and their receptors have been associated with tumor metastasis,[8] invasion of lymphatic vessels[9] and possibly trafficking of lymphoma cells.[10] Chemokine receptors belong to a large family of 7-transmembrane-spanning G protein–coupled receptors.[11] A series of chemokine receptors are involved in skin homing of T-cell subsets within the context of various inflammatory disease processes.[12–14] CXCR3 and its ligands IP-10/CXCL10, Mig/CXCL9 and ITAC/CXCL11 have been linked to the recruitment of T_h-1 cells to sites of inflammation[12] and possibly to skin-related disorders and CTCL.[15] Like CXCR3, CCR5 is a T_h-1-associated chemokine that is active in inflammatory processes.[16] CCR7 and CXCR5 physiologically regulate the lymphoid homing of T-cells and have been proposed as mediators of lymph node infiltration of the malignant clone in CTCL.[17] CCR4 and its ligands TARC/CCL17 and MDC/CCL22 may be responsible for skin homing of the majority of skin-associated T-cells. The previously characterized receptor CCR10, which is thought to mark a subset of circulating "effector" CCR7-negative/CD27-negative cutaneous T-cells,[18] and its ligand CCL27/CTACK regulate T-cell–mediated skin inflammation in psoriasis and atopic dermatitis.[19] Here, we investigate the possible role of CCR10 in CTCL.

Publication of the International Union Against Cancer

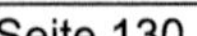

Material and methods

Tissue samples

Immunohistochemical analysis for chemokine receptor expression was performed on archived paraffin-embedded tissue from routine diagnostic biopsies. Diagnosis was based on clinical appearance and conventional histology as well as T- and B-cell markers, including CD3 and CD68. Specific diagnoses used the WHO classification. Stages were defined by a modified TNM classification that incorporates clinicopathologic criteria to classify the type and extent of skin, nodal and visceral involvement.[20] Eleven tumor biopsies from 8 patients were analyzed for chemokine receptor expression using immunohistochemistry. Immunophenotypic characterization included the T-cell marker CD3 and the histiocyte marker CD68 (Table I). Three patients were diagnosed with SS with circulating cells and lymph node infiltration (CTCL stage IV), and 2 patients suffered from MF (stage I/II) without lymph node invasion. All SS and MF patients showed invasion of the epidermis, whereas the 3 additional patients were categorized as undefined CTCL with subepidermal invasion and no lymph node invasion (stage I–III). Patient ages ranged 57–86 years (5 male, 3 female). The clinical characteristics are summarized in Table I.

Immunohistochemistry

Chemokine receptors CXCR3, CCR5 and CCR10 were localized by immunohistochemistry on consecutive sections from formalin-fixed, paraffin-embedded tissue. Antibodies against human CCR5 (MC5) and CXCR3 (clone 1C6; BD Biosciences Pharmingen, Heidelberg, Germany) have been described in detail for their use on fixed tissues.[21] Antibody against CCR10 was a gift from Millennium Pharmaceuticals (Cambridge, MA).[19] Negative controls included isotype-matched IgGs and replacement of the primary antibody by diluent. The protocol has previously been described.[21] In brief, slides were deparaffinized in xylene and rehydrated in a series of graded ethanols. Slides were treated with 3% H_2O_2 to block endogenous peroxide. Antigen retrieval was performed by autoclaving in antigen retrieval solution (Vector, Burlingame, CA). Endogenous biotin was blocked by the biotin/avidin blocking kit (Vector). First antibodies were applied for 1 hr, followed by secondary biotinylated antibodies (Vector) and

Abbreviations: CTCL, cutaneous T-cell lymphoma; DAB, 3,3′-diaminobenzidine; FAM, 6-carboxyfluorescein; HE, hematoxylin and eosin; LFA-1, lymphocyte function–associated antigen-1; MAb, monoclonal antibody; MF, mycosis fungoides; PI, propidium iodide; SS, Sézary syndrome; T_h, T-helper.

Grant sponsor: Madeleine Schickedanz KinderKrebsstiftung; Grant sponsor: Mucos Stiftung; Grant sponsor: Deutsche Forschungsgemeinschaft; Grant numbers: SFB 571, GRK438.

*Correspondence to: Medical Poliklinik, Ludwig-Maximilians-University of Munich, Schillerstrasse 42, 80336 Munich, Germany. Fax: +89-5996-860. E-mail: peter.nelson@med.uni-muenchen.de

Received 7 May 2004; Accepted after revision 14 October 2004
DOI 10.1002/ijc.20922
Published online 7 February 2005 in Wiley InterScience (www.interscience.wiley.com).

Protein Engineering, Design & Selection vol. 19 no. 1 pp. 27–35, 2006
Published online October 26, 2005 doi:10.1093/protein/gzi072

Generation of GPI-linked CCL5 based chemokine receptor antagonists for the suppression of acute vascular damage during allograft transplantation

Mike Notohamiprodjo[1,5], Roghieh Djafarzadeh[1,4,5], Anke Mojaat[1], Irene von Lüttichau[1,2], Hermann-Josef Gröne[3] and Peter J.Nelson[1]

[1]Medizinische Poliklinik, Schillerstrasse 42, 80336 Ludwig-Maximilians-University of Munich, [2]Childrens Hospital, Technical University of Munich, Kölnerplatz 1, 80803 Munich and [3]Department of Cellular and Molecular Pathology, German Cancer Research Center, Im Neuenheimer Feld 280, 69120 Heidelberg, Germany

[4]To whom correspondence should be addressed.
E-mail: Djafarzadeh@lrz.uni-muenchen.de

[5]These authors contributed equally to this work.

Limiting the acute vascular damage associated with leukocyte infiltration is a central issue in solid organ transplantation. The family of chemotactic cytokines (chemokines) helps to regulate leukocyte recruitment. Systemic treatment with the chemokine ligand-5 (CCL5) based antagonist Met-RANTES has previously shown to suppress acute damage to transplanted kidneys by blocking effector cell recruitment. To address problems associated with systemic long-term administration of chemokine receptor antagonists, a chemokine based reagent was designed to be integrated into endothelial surfaces of the organ just before transplantation. Proteins anchored by glycosylphosphatidylinositol (GPI), when purified and added to cells, are efficiently incorporated into their cell surface membranes. A series of modifications were introduced into the CCL5 protein to generate a functional antagonist. These included the addition of an N-terminal methionine group, a mutation to render the protein a dimer and a GPI signal sequence for surface expression. The resultant protein was stably expressed in CHO cells, GPI anchorage was confirmed and the protein purified by FPLC. Exogenously administered Met-CCL5(dimer)–GPI was efficiently inserted into the membrane of microvascular endothelial cells. The reagent is being tested in murine models of renal transplantation. The effect on subsequent immune induced damage will be assessed.

Keywords: CCL5/cell surface engineering/GPI anchor/RANTES/transplant rejection

Introduction

During immune rejection of solid organ transplants, the direct recruitment of effector leukocytes from the peripheral circulation into interstitial tissues is controlled in part by the actions of chemotactic cytokines (Chemokines) (Nelson and Krensky, 2001; Haskell *et al.*, 2002). Chemokines, sequestered in solid phase on the endothelium (immobilized via electrostatic interactions) act as signposts for directing the selective recruitment of circulating leukocytes (Wells *et al.*, 1999; Weber *et al.*, 2001; Murphy, 2002). In response to chemokine stimulation, leukocytes upregulate integrins and undergo firm adhesion to the endothelial surface (Weber *et al.*, 2001; Murphy, 2002). The leukocytes then migrate through the endothelium and enter the tissue space. Blocking or modifying this process is an important step in the control of transplant rejection (Nelson and Krensky, 2001; Haskell *et al.*, 2002).

The chemokine RANTES/CCL5 is a chemotactic agent for 'memory' $CD4^+$ T cells, monocytes and eosinophils, and is produced by many different cell types during allograft rejection (Schall *et al.*, 1990; Nelson *et al.*, 1997; Nelson and Krensky, 2001). CCL5 acts through the receptors CCR1, CCR3 and CCR5 (Murphy, 2002). Human RANTES/CCL5 is bioactive in mouse and rat (Wiedermann *et al.*, 1993; von Hundelshausen *et al.*, 2001; Stojanovic *et al.*, 2002). Blocking analogues of the human CCL5 protein bind to human and rodent CCL5 receptors with high avidity but do not induce signaling (Proudfoot *et al.*, 1996, 1999). In acute and chronic models of allograft rejection, systemic daily treatment with a RANTES based functional antagonist (Met-RANTES) was shown to dramatically suppress the acute tissue damage underlying transplant rejection (Grone *et al.*, 1999; Bedke *et al.*, 2002; Song *et al.*, 2002; Stojanovic *et al.*, 2002; Yun *et al.*, 2004).

The systemic administration of recombinant proteins can be quite expensive. In this instance, for a biological effect to be seen in transplantation experiments, the RANTES based antagonistic protein had to be administered daily over an extended period of time (Grone *et al.*, 1999; Song *et al.*, 2002). This could be problematic as high circulating protein levels could have unwanted side effects on other organ systems. To help address these issues an approach was developed to selectively apply a CCL5-based antagonistic protein only to the vascular cell surface before transplantation. This was achieved by fusing an N-terminal methionine non-aggregating version of CCL5 to a glycosylphosphatidylinositol (GPI) anchor. Proteins that are anchored by GPIs, when purified and added to cells, are incorporated into their cell surface membranes and retain native protein function (Medof *et al.*, 1996; Premkumar *et al.*, 2001). This method was previously referred to as 'cell painting' (Medof *et al.*, 1996). The perfusion of a GPI-anchored chemokine based antagonist through the organ before transplantation would allow the insertion of the GPI anchor into the microvascular endothelial cell membranes and thus presentation of the antagonist to the circulating leukocytes. Such an approach could provide protection to the vasculature of the allograft during the critical first few days after transplantation and could thus significantly limit the acute vascular damage associated with poor prognosis for transplant engraftment. We describe here the generation of a GPI-anchored RANTES based antagonist.

Materials and methods

Cell culture

Chinese hamster ovary cells deficient in DHFR (CHO/dhfr$^-$) (ATCC no. CRL 9096; Rockville, MD, USA) were cultured in

10.3. Danksagung

Mein besonderer Dank gilt Herrn PD Dr. Peter Nelson für die Bereitstellung der Themen, die ständige fachliche und auch menschliche Unterstützung, der intensiven Förderung und der großen Geduld während der gesamten Dissertation.

In gleichem Maße möchte ich Frau Dr. med. univ. Irene von Lüttichau für die persönliche und aufopferungsvolle Betreuung während der gesamten Zeit danken. Ohne ihren fachlichen und menschlichen Rat wäre diese Arbeit nicht möglich gewesen wäre.

Weiterhin möchte ich mich auch bei Frau Dr. Roghieh Djafarzadeh für die intensive Betreuung und Unterstützung, besonders während der Isolation des CCL5-Antagonisten bedanken.

Den Technischen Assistentinnen Anke Mojaat, Alexandra Wechselberger und Wiebke Buck möchte ich für die wertvolle Hilfe im Labor danken.

Außerdem möchte ich mich bei Frau Dipl.- Biologin Nicole Rieth vor allem für die Hilfe beim Methodenteil bedanken.

Herrn PD Dr. Stefan Segerer und seiner Arbeitsgruppe danke ich ganz herzlich für die Hilfe bei der Durchführung der Immunhistochemie.

Herrn PD Dr. Huss möchte ich für den fachlichen Rat und für die Hilfe bei der Auswertung der histologischen Schnitte danken.

Herrn cand. med. Jérôme Huppertz danke ich für die Vorarbeiten bei der Generierung des CCL5-Antagonisten, welche im Rahmen seiner Dissertation entstanden.

Außerdem bedanke ich mich ganz herzlich bei Herrn Professor Dr. Wolfgang Siess, für die Unterstützung und Förderung der Dissertation im Rahmen des Graduiertenkollegs 438 *„Vaskuläre Biologie in der Medizin"*.

Meiner Familie möchte ich für die moralische Unterstützung während der gesamten Arbeit danken. Meinen Eltern für ihre Unnachgiebigkeit und meinem Vater und meiner Schwester für das Gegenlesen. Alice danke ich besonders für die langjährige moralische und logistische Unterstützung und ihre große Geduld.

Printed by Books on Demand GmbH, Norderstedt / Germany